DER ZÜNDVORGANG IN GASGEMISCHEN

Von

Dr.-Ing. Georg Jahn
Berlin

Mit 25 Abbildungen

MÜNCHEN UND BERLIN 1934

VERLAG VON R. OLDENBOURG

Druck von Robert Noske in Borna-Leipzig.

Meinen lieben Eltern
in Dankbarkeit zugeeignet

Vorwort.

Die vielseitige Wandelbarkeit der Zündgeschwindigkeit und der Zündung selbst erschwert die Auffindung einfacher Formeln, die geeignet sind, die Grundlage zu einer allgemeinen Beurteilung und Voraussage der bei der Gasverbrennung auftretenden Flammenerscheinungen abzugeben. Nusselt hat hierfür aus thermodynamischen Überlegungen heraus eine Gleichung angegeben, die die verzweigten Zusammenhänge annähernd wiederzugeben versucht. Die darin enthaltenen Größen, wie Reaktionsgeschwindigkeit, Zündtemperatur und Wärmeleitfähigkeit sind aber nur mit Einschränkung berechenbar.

Die vorliegende Arbeit macht es sich zur Aufgabe, mit Hilfe zweckmäßiger und ausreichender Messungen die trotzdem wertvolle Nusseltsche Zündgeschwindigkeitsgleichung unter Berücksichtigung der neueren Auffassungen vom Wesen der Gasreaktionen und bekannter Untersuchungen auszubauen und in die Zündvorgänge tiefer einzudringen. Dabei soll durch gegenseitige Abwägung der physikalischen und chemischen Einflüsse ein zahlenmäßig verfolgbares Bild entstehen, aus dem praktisch brauchbare Erkenntnisse zu gewinnen sind.

Herrn Professor Dr. K. Bunte möchte ich an dieser Stelle für die freundliche Förderung und Bereitstellung der Mittel zur Ausführung der Versuche im Gasinstitut der Technischen Hochschule zu Karlsruhe bestens danken.

Berlin, Mai 1934.

Georg Jahn.

Inhalt.

Die Nusseltsche Zündgeschwindigkeitsgleichung.

Auf Grund thermodynamischer Betrachtungen hat Nusselt[1]) Formeln für die Zündgeschwindigkeit brennbarer Gasgemische aufgestellt. Für Wasserstoff als Brenngas im Gemisch mit Luft zum Beispiel lautet die Zündgeschwindigkeitsgleichung näherungsweise

$$u = \sqrt{\frac{c_1 H_2 O_2 \lambda (T_v - T_c) T_0{}^2 p_0}{C_p (T_c - T_0) 103{,}7 R^2}}.$$ (1)

In dieser Gleichung bezeichnen

u die Zündgeschwindigkeit in m/sec.,

c_1 eine unbekannte Konstante, die aus einem Versuch zu ermitteln ist,

H_2 die Raumteile Wasserstoff vor der Verbrennung,

O_2 die Raumteile Sauerstoff vor der Verbrennung,

λ die mittlere Wärmeleitzahl des Gasgemisches zwischen T_c und T_v in kcal/st m^0,

T_v die Verbrennungstemperatur in ^{0} abs.,

T_c die Zündtemperatur in ^{0} abs.,

T_0 die Anfangstemperatur in ^{0} abs.,

p_0 den Druck in kg/m^2,

C_p die mittlere spezifische Wärme der Raumeinheit des Gasgemisches zwischen T_c und T_v bei 15^0 und 1 ata in kcal/m^{30},

$R = 848$ die Gaskonstante.

Nusselt kennzeichnet diese unter bewußter Anwendung einer Reihe von vereinfachenden Annahmen als eine Näherungsgleichung.

Im Verlauf der Ableitung diente für die Verbrennungstemperatur die Gleichung

$$(T_v - T_0) C_p = h_1 H_2.$$ (2)

Hierin bedeutet h_1 die Verbrennungswärme des Wasserstoffes in kcal/m^3 bei 15^0 und 1 ata. Dabei ist aber zu beachten, daß diese Gleichung nur so lange gilt, als Wasserstoff im Unterschuß vorhanden ist einschließlich des Gemisches theoretisch vollständiger Verbrennung. Sobald das Gemisch Wasserstoffüberschuß aufweist, gelangt in der Reaktionszone indessen nur so viel Wasserstoff zur Verbrennung, als entsprechend Sauerstoff vorhanden ist, so daß Gl. (1) für die Zündgeschwindigkeit nur im Bereiche des Brenngasmangels einschließlich des Gemisches theoretisch vollständiger Verbrennung Gültigkeit zukommt.

---

[1]) Nusselt, VDI **59** (1915), 872.

Die verallgemeinerte und aufgeteilte Zünd-geschwindigkeitsgleichung.

Verzichtet man auf die Einführung der Gl. (2) für die Verbrennungs-temperatur, so lautet die verallgemeinerte Zündgeschwindigkeitsgleichung

$$u = \sqrt{\frac{c_1 H_2{}^2 O_2 \lambda (T_v - T_c) h_1 T_0{}^2 p_0}{C_p{}^2 (T_v - T_0)(T_c - T_0) \, 103{,}7 \, R^2}} \, . \tag{3}$$

Sie umfaßt in dieser Form nunmehr den g e s a m t e n Zündbereich.

Zwischen den Raumteilen der verschiedenen Gase einer entzündlichen Mischung, wenn z. B. Wasserstoff das Brenngas und Stickstoff das Inert-gas ist, besteht im Zustand vor der Verbrennung die Beziehung

$$H_2 + O_2 + N_2 = 1 \, .$$

Da in den folgenden Untersuchungen das Mischungsverhältnis von O_2 und N_2 verändert, N_2 überdies durch CO_2 als Inertgas ersetzt wird, so soll in dieser Arbeit die Summe der Raumteile Sauerstoff und Inertgas im Gesamtgemisch

$$(O_2 + N_2) = (1 - H_2)$$

oder

$$(O_2 + CO_2) = (1 - H_2)$$

als die „Atmosphäre" bezeichnet werden, mit der das Brenngas jeweilig zur Verbrennung gebracht wird. Deren Zusammensetzung ist durch die Gleichung

$$a + b = 1$$

gegeben, wenn a den Sauerstoffgehalt und b den Inertgasgehalt bedeuten. Es gilt somit

$$(O_2 + N_2) = (1 - H_2)(a + b)$$

oder

$$(O_2 + CO_2) = (1 - H_2)(a + b)$$

und die Gemischgleichung lautet

$$H_2 + (1 - H_2)(a + b) = 1 \, . \tag{4}$$

Der Sauerstoffgehalt der Gesamtmischung läßt sich danach durch den Sauerstoffgehalt der Atmosphäre mit der Gleichung

$$O_2 = (1 - H_2) \, a \tag{4a}$$

ausdrücken.

Ferner ist in der Zündgeschwindigkeitsgleichung (1) und (3) eine aus einem Versuch zu ermittelnde unbekannte Konstante c_1 enthalten. Nach N u s s e l t ist diese Konstante

$$c_1 = \frac{k_1}{T_c{}^3} \, . \tag{5}$$

k_1 bezeichnet darin den temperaturabhängigen Beiwert der Reaktionsgeschwindigkeit.

Greift man also auf die Ableitung der Zündgeschwindigkeitsgleichung zurück, so läßt sich diese in Abänderung der Nusseltschen Formulierung unter Einbeziehung der Gleichungen (4 a) und (5) in die für die vorliegende Arbeit zweckmäßige Form folgendermaßen bringen

$$u = \sqrt{C_1 H_2{}^2 (1-H_2) a} \ \sqrt{\frac{\lambda (T_v - T_c) h_1}{C_p{}^2 T_c (T_v - T_0)(T_c - T_0)}} \ \sqrt{\frac{T_0{}^2}{103,7 \, p_o}}. \quad (6)$$

Dabei gilt $$C_1 = \frac{k_1 \, p_o{}^2}{R^2 T_c{}^2}. \quad (7)$$

Der Faktor

$$\sqrt{C_1 H_2{}^2 (1-H_2) a}$$

stellt den Einfluß der Reaktionsgeschwindigkeit dar.

Der Einfluß der physikalischen Größen soll in dem unter der Bezeichnung „Wärmeeffekt" geführten Faktor

$$\sqrt{\frac{\lambda (T_v - T_c) h_1}{C_p{}^2 T_c (T_v - T_0)(T_c - T_0)}}$$

zusammengefaßt sein.

Der restliche Faktor der Gleichung (6), welcher den weiteren Einfluß der Anfangstemperatur und des Druckes enthält, bleibt für die folgenden Betrachtungen konstant, da unter den Versuchsbedingungen die Anfangstemperatur und der Druck des entzündlichen Gasgemisches immer dieselben waren.

Nach der Zündgeschwindigkeitsgleichung wird die Reaktionszone durch eine ebene Schicht von der Stärke x_1 gebildet, in die auf der einen Seite das kalte Gas im Anfangszustand hineinströmt und der auf der anderen Seite die heißen Verbrennungsgase entströmen. Für die Vorstellung bleibt es dabei gleichgültig, ob das kalte Gas normal auf diese ruhende Flammenschicht mit der Geschwindigkeit u zuströmend gedacht wird oder umgekehrt diese Flammenschicht normal gegen das ruhende entzündliche Gasgemisch mit der Geschwindigkeit u vordringt. Der normale Flammenfortschritt ist jedoch Bedingung, da nur für diesen Fall die Strömungsgeschwindigkeit bzw. die Flammenfortpflanzungsgeschwindigkeit gleich der Zündgeschwindigkeit wird. In der Entzündungsfläche $x = 0$ setzt die Verbrennung mit der Erreichung der Zündtemperatur T_c ein, bis am Ende der Reaktionsschicht im Abstand x_1 von der Entzündungsfläche die gesamte Verbrennungswärme frei geworden ist, welche das Gas auf die Verbrennungstemperatur T_v erwärmt.

Neben der Einführung von Mittelwerten für die Wärmeleitfähigkeit λ und die spezifische Wärme C_p ist zur Ermöglichung einer Näherungslösung insbesondere die Wärmeentwicklung auf die Tiefeneinheit der Reaktionsschicht unveränderlich angenommen, und zwar gleich ihrem Werte in der Entzündungsfläche $x = 0$.

Gleichzeitig ist die im Verlauf der Verbrennung in der Reaktionsschicht auftretende Kontraktion vernachlässigt.

Der Einfluß neuerer genauerer Erkenntnisse über die einzelnen Faktoren der drei Bestandteile der Zündgeschwindigkeitsgleichung (6) soll im folgenden theoretisch und durch den Versuch überprüft werden.

Der Faktor der Reaktionsgeschwindigkeit.

Mit dem Faktor der Reaktionsgeschwindigkeit sind M a s s e n w i r k u n g s g e s e t z und R e a k t i o n s k o n s t a n t e eingeführt.

Die Ableitung hat zunächst zur Voraussetzung, daß die ausschließliche Bezugnahme auf die Anfangskonzentrationen zur Ermittelung des Ausdruckes für die Reaktionsgeschwindigkeit aus dem Massenwirkungsgesetz genügt.

Ist W a s s e r s t o f f das Brenngas, so folgt aus der einfachen BruttoReaktionsgleichung

$$2\,H_2 + O_2 \underset{\longleftarrow}{\overset{\longrightarrow}{}} 2\,H_2O$$

für die Anzahl Mole Wasserdampf, die in der Zeiteinheit gebildet werden

$$\frac{d\,[H_2O]}{d\,t} = k_1\,[H_2]^2\,[O_2] - k_1'\,[H_2O]^2.$$

In dieser Gleichung bedeuten die chemischen Zeichen in eckigen Klammern die molaren Konzentrationen der vorhandenen Gase, d. h. die Anzahl Mole, welche von dem betreffenden Gas zur Zeit t seit dem Beginn der Verbrennung in der Raumeinheit vorhanden sind. Die Beiwerte k_1 und k_1' sind Funktionen der Temperatur und besitzen erst bei der Zündtemperatur T_c einen endlichen Wert.

Die Vernachlässigung des H_2 und O_2 zurückbildenden Teiles des Reaktionsprozesses ist gegenüber anderen Vereinfachungen zulässig, wenn man sich vorbehält, den Anwendungsbereich der Zündgeschwindigkeitsgleichung auf das Temperaturgebiet zu beschränken, in dem die Dissoziation verschwindend klein ist. Als Ausdruck für die Reaktionsgeschwindigkeit ergibt sich dann

$$\frac{d\,[H_2O]}{d\,t} = k_1\,[H_2]^2\,[O_2].$$

An Stelle der molaren Konzentrationen führt N u s s e l t in die Gleichung für die Reaktionsgeschwindigkeit Raumteile ein. Das chemische Zeichen ohne Klammer möge daher die Raumteile angeben, in denen die betreffenden Gase oder Dämpfe zur Zeit t vorhanden sind. Ist p_0 der

Gesamtdruck und T die Temperatur an einer beliebigen Stelle der Reaktionsschicht, so gilt z. B. für Wasserstoff die Beziehung

$$[H_2] = \frac{p_o}{R\,T} H_2.$$

Zwischen den Raumteilen der verschiedenen Gase einer Mischung besteht für den hier betrachteten Fall die Gleichung

$$H_2O + H_2 + O_2 + N_2 = 1\ .$$

Die Reaktionsgeschwindigkeitsgleichung für Verbrennung unter konstantem Druck lautet jetzt in Raumteilen ausgedrückt

$$\frac{d\,H_2O}{d\,t} = k_1 \frac{p_o{}^2}{R^2\,T^2} H_2{}^2 O_2 + H_2O \frac{d\,ln\,T}{d\,t}.\qquad (8)$$

Wenn, N u s s e l t folgend, die der Reaktionsgeschwindigkeit proportionale Wärmeentwicklung auf die Tiefeneinheit der Reaktionsschicht unveränderlich, und zwar gleich ihrem Wert in der Entzündungsfläche $x = 0$ zu setzen ist, tritt an die Stelle der in der Reaktionsschicht veränderlichen Gastemperatur T die Temperatur in der Entzündungsfläche T_c. H_2 und O_2 bedeuten dabei gleichzeitig die Raumteile zu Beginn der Verbrennung in der Entzündungsfläche $x = 0$, und weil hier der Wasserdampfgehalt 0 ist, so lautet die Gleichung der Reaktionsgeschwindigkeit für den Vorgang der Zündfortpflanzung nach der Zündgeschwindigkeitsgleichung (6)

$$\frac{d\,H_2O}{d\,t} = k_1 \frac{p_o{}^2}{R^2\,T_c{}^2} H_2{}^2 O_2 = C_1 H_2{}^2 (1 - H_2)\,a.\qquad (9)$$

Die Zündgeschwindigkeitsgleichung (6) gilt für K o h l e n o x y d als Brenngas infolge der gleichartig aufgebauten bruttoformelmäßigen Reaktionsgleichung

$$2\,CO + O_2 \rightleftarrows 2\,CO_2,$$

wenn man als Faktor der Reaktionsgeschwindigkeit den Ausdruck

$$\sqrt{k_2 \frac{p_o{}^2}{R^2\,T_c{}^2} CO^2 (1 - CO)\,a} = \sqrt{C_2\,CO^2 (1 - CO)\,a}\qquad (10)$$

einführt und im übrigen die dem Kohlenoxyd zukommenden physikalischen Daten verwendet.

Für M e t h a n als Brenngas lautet unter Anbringung der bei Wasserstoff und Kohlenoxyd eingeführten Vereinfachungen der Faktor der Reaktionsgeschwindigkeit, wie er sich aus der einfachen Bruttoreaktionsgleichung

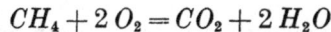

$$CH_4 + 2\,O_2 = CO_2 + 2\,H_2O$$

nach dem Massenwirkungsgesetz entwickeln läßt,

$$\sqrt{k_3 \frac{p_o{}^2}{R^2\,T_c{}^2} CH_4 \left((1 - CH_4)\,a\right)^2} = \sqrt{C_3\,CH_4 \left((1 - CH_4)\,a\right)^2}.\qquad (11)$$

Für die drei Brenngase Wasserstoff, Kohlenoxyd und Methan ergibt sich also ein im übrigen gleicher Aufbau der näherungsweise gültigen Zündgeschwindigkeitsgleichung.

Es besteht nun seit langem Klarheit darüber, daß selbst die einfachsten Gasreaktionen keineswegs nach den üblichen lediglich auf den Anfangs- und Endzustand der Reaktion bezugnehmenden Reaktionsschematen zur Bildung der Gleichgewichtsprodukte führen, sondern daß zur Bildung des Endzustandes der Reaktion Zwischenstufen zu durchlaufen sind.

Mit dem Einfluß der

Zwischenreaktionen

auf die Berechnung der Reaktionsgeschwindigkeit hat sich von dem Gebiet der photochemischen Gasreaktionen ausgehend vornehmlich B o d e n - s t e i n [2]) [3]) [4]) [5]) befaßt. Die Berechnung der Reaktionsgeschwindigkeit nach dem Massenwirkungsgesetz hat nach B o d e n s t e i n zur Voraussetzung, daß jede einzelne Reaktion danach verläuft, und daß die Konzentrationen aller kurzlebigen Zwischenprodukte daher berücksichtigt werden. Bei der thermischen und photochemischen Bildung des Bromwasserstoffes z. B. treten, wie B o d e n s t e i n und Mitarbeiter nachweisen, B r o m a t o m e als wesentliche Zwischenglieder des Reaktionsgeschehens auf. Bei der Ableitung der Reaktionsgeschwindigkeitsgleichung aus dem Massenwirkungsgesetz ist also u. a. nicht nur die Konzentration der Brommoleküle $[Br_2]$, sondern auch diejenige der Bromatome $[Br]^2$ zu berücksichtigen. Die von ihnen aufgestellte Reaktionsgeschwindigkeitsgleichung wurde durch den Versuch bestätigt.

Die endgültige Reaktionsgeschwindigkeit kommt demnach durch das Zusammenwirken mehrerer zum Teil entgegengesetzt gerichteter Einzelprozesse zustande und kann deshalb oft eine ganz andere sein als diejenige, welche man durch eine primitive Anwendung des Massenwirkungsgesetzes auf die gesamte Reaktion erhalten würde.

Der Gedanke eines k e t t e n f ö r m i g e n Ablaufes von Reaktionen, welcher von B o d e n s t e i n zuerst nur als zwingende Folgerung aus den unverhältnismäßig hohen Quantenausbeuten bei gewissen photochemischen Umsetzungen abgeleitet worden war, hat sich allmählich auch in die Lehre der thermischen Reaktionen eingeführt. Hier hat er sich besonders nützlich bei der Behandlung der langsamen Oxydation und der Gasexplosion hauptsächlich in den Händen von S e m e n o f f [6]) gezeigt.

---

[2]) C. N. Hinshelwood, Reaktionskinetik gasförmiger Systeme, Leipzig 1928.
[3]) Bodenstein, Sitzungsberichte d. Preuß. Akad. d. Wiss. III (1931), 3; Ztschr. phys. Chem. **B. 12** (1931), 151.
[4]) G. B. Kistiakowsky, Ztschr. f. angew. Chem. **44** (1931), 602.
[5]) H. Dohse u. W. Frankenburger, Ztschr. f. angew. Chem. **44** (1931), 605.
[6]) Semenoff, Chem. Rev. **6** (1929), 347.

Nachdem H a b e r und B o n h o e f f e r [7]) mit Hilfe flammenspektroskopischer Untersuchungen erstmals H-Atome und OH-Radikale als Reaktionszwischenglieder der Verbrennung nachgewiesen haben, vermuten R i e s e n f e l d und W a ß m u t h [8]) auf Grund ihrer Versuche an Mikro-Wasserstoff-Flammen für die W a s s e r s t o f f - V e r b r e n n u n g die folgende Reaktionskette

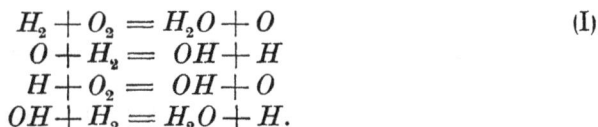

$$H_2 + O_2 = H_2O + O \qquad \text{(I)}$$
$$O + H_2 = OH + H$$
$$H + O_2 = OH + O$$
$$OH + H_2 = H_2O + H.$$

Berücksichtigt man nur Reaktionen, die im Zweierstoß erfolgen, wie dies in obigem Reaktionsschema geschehen ist, da echte trimolekulare Reaktionen nur selten vorkommen, und von diesen nur diejenigen, bei denen mindestens einer der Reaktionspartner einer der beiden Ausgangsstoffe ist, so ist unter dieser Einschränkung das Wahrscheinlichste, daß die primäre Reaktion in einer direkten Vereinigung von Wasserstoff und Sauerstoff nach der Reaktionsgleichung (I) erfolgt. An der grundsätzlichen Betrachtungsweise von R i e s e n f e l d und W a ß m u t h ändert sich nichts Wesentliches, wenn nach H a b e r [9]) das Hydroxyl als bestimmendes Glied des Reaktionsmechanismus anzusprechen ist, und die Reaktion in die beiden Teilvorgänge

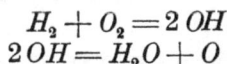

$$H_2 + O_2 = 2\,OH$$
$$2\,OH = H_2O + O$$

zu zerlegen ist.

Vollkommen trockenes K o h l e n o x y d ist nur unter besonders günstigen Umständen, z. B. Vorwärmung des Gemisches, Anwendung hoher Zündenergien und hoher Anfangsdrucke zur Entzündung zu bringen. Nach den bandenspektroskopischen Untersuchungen von H a b e r und B o n h o e f f e r *) spielt der Wasserdampf die Rolle eines Sauerstoffüberträgers in Form eines H-Atome und OH-Radikale liefernden Moleküles. Die Untersuchungen über den Einfluß von Kohlenwasserstoffen auf die Zündgeschwindigkeit des Kohlenoxydes, wie sie von K. B u n t e und E. H a r t m a n n [10]) ausgeführt wurden, geben recht beachtliche Bestätigungen für diese Auffassung über die Wirksamkeit dieser Radikale.

Für die Kohlenoxydverbrennung ergibt sich die folgende Kettenreaktion als die wahrscheinlichste

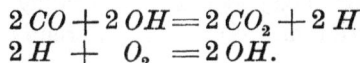

$$2\,CO + 2\,OH = 2\,CO_2 + 2\,H$$
$$2\,H + O_2 = 2\,OH.$$

[7]) Haber u. Bonhoeffer, Ztschr. phys. Chem. **A 137** (1928), 263.
[8]) Riesenfeld und Waßmuth, Ztschr. phys. Chem. **A 149** (1930), 140.
[9]) Haber, Naturw. **17** (1929), 551.
*) a. a. O.
[10]) K. Bunte, GWF **75** (1932), 213.

Sie erklärt den überragenden Einfluß des Wasserdampfes, den schon Dixon[11]), Clerk[12]), L. Meyer[13]), H. Bunte und Roszkowsky[14]) u. a. festgestellt haben. Allerdings ist es wohl möglich, daß eine direkte Oxydation von CO zu CO_2 neben dieser indirekten Oxydation erfolgen kann, wie die spektroskopischen Untersuchungen von Weston[15]) an wasserdampfhaltigen Kohlenoxyd-Sauerstoff-Gemischen besonders zeigen. Die begünstigende Wirkung des Wasserdampfes beweist jedoch, daß die indirekte Oxydation als der bequemere Reaktionsweg bevorzugt wird.

Der Reaktionsmechanismus zusammengesetzter Brennstoffe wie etwa der Kohlenwasserstoffe, ist dementsprechend verwickelt. Nach Bonhoeffer und Harteck[16]) ist der stufenweise Abbau bei allen Kohlenwasserstoffen und Radikalen nach dem Schema

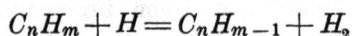

$$C_nH_m + H = C_nH_{m-1} + H_2$$

exotherm und daher möglich.

Die gebräuchlichen Reaktionsgleichungen geben danach nur den Anfangs- und Endzustand der Umsetzung an. Bis zur Bildung der verbrennungsreifen Produkte CO und H_2 finden hier aber bereits umfangreiche Zwischenprozesse statt.

Für die Zündgeschwindigkeit von Brenngasgemischen z. B. ein Gemisch, das aus Kohlenoxyd und Wasserstoff besteht, würde nach der Nusseltschen Theorie gelten

$$u = \sqrt{\frac{(C_1 H_2{}^2 (1-CO-H_2)\, a h_1 + C_2 CO^2 (1-CO-H_2)\, a h_2)\, \lambda\, (T_v - T_c)\, T_o{}^2}{C_p{}^2\, T_c\, (T_v - T_0)\, (T_c - T_0)\, 103{,}7\, p_0}} \quad (12)$$

Die Gesetze der Wärmeleitung und einfachen chemischen Dynamik würden also nach Gl. (12) die Zündgeschwindigkeit eines Brenngasgemisches bis zu einem gewissen Grad als Mittelwert aus den Zündgeschwindigkeiten der Einzelbrenngase bei alleiniger Verbrennung mit der gleichen Atmosphäre additiv zusammengesetzt erscheinen lassen.

Jedes einzelne Brenngas müßte also in der Mischung nach der Gesetzmäßigkeit zur Reaktion kommen, nach welcher es für sich allein mit Sauerstoff reagiert, wie das Auftreten der Ausdrücke

$$C_1 H_2{}^2 (1-CO-H_2)\, a \quad \text{und} \quad C_2 CO^2 (1-CO-H_2)\, a$$

zeigt. Dies kann nur so lange gelten, als die Brenngase und ihre Reaktionszwischenprodukte in zusammengesetzter Mischung nicht fähig sind, unter sich außer in der Reaktion mit Sauerstoff während des Flammenfortschritts

11) Dixon, Brit. Assoc. Rep. (1880), 503; Phil. Trans. **175**, 617.
12) Clerk, On the theory of the gas engine, London 1882.
13) L. Meyer, Berl. Berichte, **19** (1886), 1099.
14) H. Bunte u. Roszkowski, GWF **33** (1890), 491, 524, 535, 553.
15) Weston, Proc. Roy. Soc. **A 110** (1926), 615.
16) Bonhoeffer u. Harteck, Ztschr. phys. Chem. **A 139** (1929), 64.

zu reagieren. Daß dies selbst in dem einfach erscheinenden Fall der Verbrennung von Gemischen aus Kohlenoxyd und Wasserstoff nicht zutrifft,
daß die beiden Reaktionen vielmehr in verwickeltem Chemismus inein-
ander greifen, haben K. B u n t e und W. L i t t e r s c h e i d t[17]) an Messungen der Zündgeschwindigkeiten, die von K ü h n s c h e r f[18]) ausgeführt
waren, gezeigt. Das gleiche gilt nach den Messungen von L i t t e r s c h e i d t
für Gemische aus Kohlenoxyd und Methan und nach den Untersuchungen
von K. B u n t e und E. H a r t m a n n*) über das Wesen der Kohlenoxydverbrennung für alle seine Gemische mit wasserstoffhaltigen Brenngasen.
Damit würde das Massenwirkungsgesetz, soweit es sich nur auf die Aus-
gangskonzentrationen gründet, seine Gültigkeit verlieren.

Es bleibt offen, inwieweit nicht trotzdem Gl. (12) aufrecht erhalten
werden kann, wenn angenommen wird, daß lediglich die Beiwerte C_1 bzw.
C_2 durch den Chemismus eine Veränderung erfahren. Der Temperaturkoeffizient der Reaktionsgeschwindigkeit k in Gl. (7) für den Beiwert der
Reaktionsgeschwindigkeit

$$C = \frac{k p_o^2 \text{ **})}{R^2 T_c^2}$$

müßte für diesen Fall noch eine Charakteristik des Zwischenchemismus
und dessen Beeinflussungsmöglichkeit erhalten.

Das „Flammengeschwindigkeitsgesetz", wie es neuerdings von P a y -
m a n n und W h e e l e r[19]) empirisch aus Messungen der „Geschwindigkeit
der gleichförmigen Flammenbewegung" im einseitig offenen Rohr entwickelt worden ist, steht zu der Zündgeschwindigkeit von Brenngasgemischen in einer gewissen Beziehung. Auf die Zündgeschwindigkeit an-
gewendet, würde es besagen: „Werden beliebige Gemische maximaler Zündgeschwindigkeit von Einzelbrenngasen mit Luft untereinander gemischt,
so ist das resultierende Gemisch selbst ein Gemisch maximaler Zündgeschwindigkeit." Bedeuten L_b, L_c ... die Raumprozente Brenngas im
Gemisch maximaler Zündgeschwindigkeit, wie sie für die einzelnen Brenngase bei Verbrennung mit Luft allein experimentell bestimmt wurden, b,
c ... die Raumprozente der Einzelbrenngase im Brenngasgemisch L, so
nimmt das aus der Mischungsregel abgeleitete Flammengeschwindigkeitsgesetz für beliebige Brenngasgemische die Form an

$$L = \frac{100}{\frac{b}{L_b} + \frac{c}{L_c} + \cdots}. \tag{13}$$

[17]) K. Bunte u. W. Litterscheidt, GWF **73** (1930), 837, 871, 890.
[18]) K. Bunte u. K. Kühnscherf, Diplomarbeit, Karlsruhe 1929.
*) a. a. O.
**) Die Indizes sind hier fortgelassen, um anzudeuten, daß der Aufbau der Gl. (7)
für die Brenngase Wasserstoff, Kohlenoxyd und Methan nach Gl. (9), (10), (11) gleich ist.
[19]) Paymann u. Wheeler, Fuel **8** (1929), 4, 91, 104, 153, 204; Journ. chem. Soc.
London, **113** (1918), 656; **115** (1919), 1436; **117** (1920), 48; **123** (1923), 412.

Nach P a y m a n n und W h e e l e r ließe sich die Zündgeschwindigkeit des resultierenden Gemisches L nach der Mischungsregel berechnen, indem man die den Einzelgemischen Brenngas + Luft eigenen maximalen Zündgeschwindigkeiten entsprechend ihrer Beteiligung am Gesamtgemisch einfach addiert. Bedeuten also b_1, c_1 ... die Mengen jedes einzelnen Gemisches maximaler Zündgeschwindigkeit mit Luft und $u_{max b}$, $u_{max c}$ ... die zugehörigen maximalen Zündgeschwindigkeiten, so würde für die Zündgeschwindigkeit des zusammengesetzten Gemisches gelten

$$u_{a\,max} = \frac{b_1 u_{max b} + u_{max c} + \cdots}{b_1 + c_1 + \cdots}. \tag{14}$$

Gl. (12) gestattet durchaus die Vorstellung, solange die gegenseitige Beeinflussung des Reaktionschemismus bei Brenngasgemischen nur in die Beiwerte C_1, C_2 ... eingreift, daß bei Herstellung eines Brenngasgemisches nach Art der Gl. (13) aus Einzelgemischen maximaler Zündgeschwindigkeit sich Verhältnisse ergeben, die mit mehr oder weniger guter Annäherung für das zusammengesetzte Brenngasgemisch wieder eine maximale Zündgeschwindigkeit liefern. Damit ist aber keineswegs behauptet, daß für die absolute Höhe der maximalen Zündgeschwindigkeit selbst sich Werte ergeben müßten, wie sie die Mischungsregel nach Gl. (14) verlangt. K. B u n t e und W. L i t t e r s c h e i d t haben auch bewiesen, daß solche einfachen additiven Verhältnisse nicht vorliegen.

Während also hinsichtlich der Gemische maximaler Zündgeschwindigkeit das empirische Flammengeschwindigkeitsgesetz nach Gl. (13) der Theorie der Zündgeschwindigkeit nicht unbedingt widersprechen würde, sind die einfachen additiven Verhältnisse für die Zündgeschwindigkeiten selbst, wie sie Gl. (14) enthält, sowohl theoretisch wie nach dem bisherigen experimentellen Befund unmöglich.

Der Beiwert der Reaktionsgeschwindigkeit

war ursprünglich nach Gl. (8)

$$C = \frac{k p_o^2}{R^2 T^2}.$$

Die Reaktionskonstante k ist temperaturabhängig. Sie besitzt erst bei der Zündtemperatur T_c einen endlichen Wert, während sie für kleinere Temperaturen 0 ist. Die allgemeine Gaskonstante R ist gleichzusetzen $R = 848$. Da N u s s e l t die der Reaktionsgeschwindigkeit proportionale Wärmeentwicklung auf die Tiefeneinheit der Reaktionsschicht zur Ermöglichung einer Näherungslösung vereinfachend unveränderlich, und zwar gleich ihrem Wert in der Entzündungsfläche $x = 0$ gesetzt hat, trat an die Stelle der in der Reaktionsschicht veränderlichen Gastemperatur T die Temperatur in der Entzündungsfläche T_c.

Für den Beiwert galt daher Gl. (7)

$$C = \frac{k\,p_0{}^2}{R^2\,T_c{}^2}. \tag{7}$$

Mit der gleichzeitigen Vernachlässigung der Veränderung der Anfangskonzentrationen im Verlauf der Verbrennung in der Reaktionsschicht nach Gl. (8) und (9) dürfte es danach erlaubt sein, die Näherungslösung der Zündgeschwindigkeitsgleichung (6) so aufzufassen, daß die Reaktion in bevorzugtem Maße rasch in der Entzündungsfläche $x = 0$ bei der Zündtemperatur T_c einsetzt. Der temperaturabhängige Beiwert k würde hier von der Zündtemperatur T_c abhängen und der Zündvorgang wäre maßgeblich von der durch diese bestimmten anfänglichen Reaktionsgeschwindigkeit in der Entzündungsfläche $x = 0$ beherrscht. Je nach dem Temperaturgesetz für k erscheint es ferner nicht ausgeschlossen, daß sich der Beiwert C über dem gesamten Zündbereich konstant finden läßt, wie dies Nusselt mit seiner von unserer Schreibweise abweichenden Formulierung nach Gl. (3) und (5)

$$c = \frac{k}{T_c{}^3} \tag{5}$$

offenbar zum Ausdruck bringen will.

Wenn wir uns einerseits einer gewissen Willkür, welche in der an die notgedrungene Einführung von T_c statt T und der damit verbundenen Vernachlässigung der Veränderung der Reaktionsgeschwindigkeit im Verlauf der Verbrennung angeschlossenen Deutung liegt, bewußt sind, so führen doch auch andere Untersuchungen zu einer ähnlichen Auffassung.

So schließen Paymann und Wheeler[*]), daß es nicht die Verbrennungstemperatur sein kann, welche die entscheidende Temperatur für die Geschwindigkeit des Flammenfortschrittes ist. Es muß vielmehr eine Temperatur sein, bei welcher die Reaktion rasch einsetzt, d. h. eine Temperatur, die sich der Zündtemperatur nähert. Diese Temperatur kann nicht derart beträchtlich mit dem Mischungsverhältnis veränderlich sein, wie es die Verbrennungstemperatur ist.

Für die Zündtemperatur unter Atmosphärendruck, wie sie für die freie Flamme maßgebend ist, sind infolge der Schwierigkeit der Ausschaltung der bei der Messung auftretenden Wandreaktionen zuverlässige Werte nicht bekannt. Die Anwendbarkeit der von Nusselt verwendeten Zündtemperaturen nach Falk[20]) ist zweifelhaft, da diese durch adiabatische Kompression des Gasgemisches bestimmt sind. Die dabei auftretenden Verhältnisse sind insbesondere infolge der Erhöhung des Druckes andere.

---

[*]) a. a. O.
[20]) G. Falk, Journ. Amer. Soc. **29**, II (1907), 1536.

2*

Nach dieser Betrachtung wollen wir zunächst unter vorläufiger Außer-achtlassung der bereits ausgesprochenen möglichen Einflußnahme des Zwischenchemismus den Beiwert C allgemein vom Mischungsverhältnis unabhängig annehmen. Es soll gelten

$$C = \text{konst.} \tag{15},$$

wobei die Beiwerte für die einzelnen Brenngase verschiedene Werte an-nehmen.

Da der Sauerstoffgehalt a in dem Faktor der Reaktionsgeschwindig-keit der Zündgeschwindigkeitsgleichung (6) für verschiedene Zusammen-setzungen der Atmosphären als Parameter auftritt, würde mit Gl. (15) die Reaktionsgeschwindigkeit immer dann ein Maximum erhalten, wenn die als Massenwirkungseffekte bezeichneten Produkte nach Gl. (6), (10) und (11)

$$H_2{}^2 \, (1 — H_2) \, a,$$
$$CO^2 \, (1 — CO) \, a,$$
$$CH_4 \, ((1 — CH_4) \, a)^2$$

ihren Maximalwert besitzen.

Die Zusammensetzung der Atmosphäre hätte demnach nur Einfluß auf den absoluten Betrag des Massenwirkungseffektes und damit der Re-aktionsgeschwindigkeit, nicht aber auf den für das Maximum geforderten Brenngasgehalt. Die maximale Reaktionsgeschwindigkeit würde für Wasserstoff und Kohlenoxyd allgemein erreicht, wenn das Gesamtgemisch 0,667 Raumteile Brenngas oder 66,7 % Brenngas enthält, für Methan, wenn das Gesamtgemisch 33,33 % CH_4 enthält.

Mit Ausnahme der Verbrennung mit reinem Sauerstoff würde also in jedem Falle mit einer durch den Parameter a gekennzeichneten Atmo-sphäre das Maximum der Reaktionsgeschwindigkeit theoretisch mit einer Mischung erhalten werden, die mehr Brenngas enthält, als nach den stöchio-metrischen Verhältnissen zur vollständigen Verbrennung notwendig ist.

Der Faktor des Wärmeeffektes.

In dem Faktor des Wärmeeffektes nach der Zündgeschwindigkeits-gleichung (6)

$$\sqrt{\frac{\lambda \, (T_v — T_c) \, h}{C_p{}^2 \, T_c \, (T_v — T_0) \, (T_c — T_0)}}$$

wurden die physikalischen Einflüsse, denen die Zündgeschwindigkeit bei konstantem Druck p_0 und konstanter Anfangstemperatur T_0 unterliegt, zu-sammengefaßt. Neben der Wärmeleitfähigkeit λ, der Verbrennungs-wärme h, der spezifischen Wärme C_p und der von chemischen Vorgängen

abhängigen Zündtemperatur T_c erscheint der Einfluß der Verbrennungstemperatur als Differenz $(T_v - T_c)$ im Zähler und als Differenz $(T_v - T_o)$
im Nenner. Da der Zähler des Ausdruckes

$$\sqrt{\frac{(T_v - T_c)}{(T_v - T_o)}}$$

immer kleiner bleiben muß als der Nenner, Zähler und Nenner mit $T_c \sim$
konst. bei veränderlicher Verbrennungstemperatur immer um einen gleichen
Betrag zu- oder abnehmen, so muß dieser Ausdruck allgemein beim Gemisch
theoretisch vollständiger Verbrennung als dem Gemisch mit der höchsten
Verbrennungstemperatur ein Maximum besitzen. Denkt man sich dieses
vorläufige Ergebnis auf den gesamten Ausdruck für den Wärmeeffekt
übertragen, so ergibt sich, daß z. B. mit Luft als Atmosphäre und Wasserstoff als Brenngas das Gemisch für den maximalen Wärmeeffekt
gleich dem Gemisch theoretisch vollständiger Verbrennung ist, also nur
29,6% H_2 enthält, während die maximale Reaktionsgeschwindigkeit nach
den vorangegangenen Ausführungen bei dem Gemisch mit 66,7% H_2 erreicht werden würde.

Damit ist es zu erklären, daß für alle Brenngase und Brenngasgemische die maximale Zündgeschwindigkeit bei Brenngasüberschuß beobachtet wird. Diese Lage folgt aus dem Zusammenwirken der Faktoren des
Wärmeeffektes und der Reaktionsgeschwindigkeit.

Erfolgt die Verbrennung mit reinem Sauerstoff, so stellt die Mischung
theoretisch vollständiger Verbrennung gleichzeitig diejenige für das
Maximum der Reaktionsgeschwindigkeit dar. Im wesentlichen sind also
die Bedingungen gegeben, daß in diesem Fall das Gemisch maximaler Zündgeschwindigkeit mit dem Gemisch theoretisch vollständiger Verbrennung
zusammenfällt.

Im ganzen genommen wird zwischen den durch das Massenwirkungsgesetz und den durch das Gemisch theoretisch vollständiger Verbrennung
bedingten höchsten möglichen Effekten zu unterscheiden sein.

Messung der Zündgeschwindigkeit.

Unter „Zündgeschwindigkeit" ist die Geschwindigkeit einer Flammenschicht zu verstehen, welche sich bei zur Entzündungsfläche normalem
Fortschreiten ergibt. Diese Bedingung, welche in die Ableitung der Zündge-
schwindigkeitsgleichungen mit eingeschlossen ist, läßt sich nur mit Hilfe
der bekannten dynamischen Methode verwirklichen. Diese Meßmethode
ist außerdem völlig unabhängig von apparativen Einflüssen und wurde
nach dem Vorgang von G o u y , M i c h e l s o n und der Prüfung einiger
wesentlicher Einflüsse durch U b b e l o h d e und seine Mitarbeiter zu einem

hohen Grad der Vervollkommnung entwickelt. Sie besteht darin, daß man das entzündliche Gasgemisch (Brenngas + Sauerstoff + Inertgas) laminar strömend durch ein Brennerrohr leitet und die Fläche des über dem Brennerrand sich ausbildenden Kreiskegels zur Messung der Zündgeschwindigkeit heranzieht [21] [22]).

Im Gegensatz zur Zündgeschwindigkeit bezeichnet man die Flammenbewegung mit „Flammen-Fortpflanzungsgeschwindigkeit", wenn dabei eine mehr oder weniger wellig geformte Flammenschicht [23]) und turbulente Verbrennung entsteht, so daß die Bedingung des zur Entzündungsfläche normalen Flammenfortschrittes nicht mehr erfüllt wird. Die Zündgeschwindigkeit ist als unterer Grenzwert der Fortpflanzungsgeschwindigkeit aufzufassen und ergibt Kleinstwerte absoluten Charakters, während die Fortpflanzungsgeschwindigkeit je nach den apparativen Bedingungen zu sehr viel höheren Werten führen kann [24] [25]).

Die Flammen-Fortpflanzungsgeschwindigkeit tritt meistens auf, wenn das entzündliche Gasgemisch ruht und von der Flammenschicht durcheilt wird. Dabei findet die Flammenausbreitung entweder längs der Achse eines einseitig offenen Rohres statt, wie z. B. die zitierten Untersuchungen von P a y m a n n und W h e e l e r ausgeführt wurden, oder die Flammenausbreitung erfolgt kugelförmig. Letztere Methode hat S t e v e n s [26]) entwickelt. Das Gas wird in einer Seifenblase als Bombe konstanten Druckes zur Entzündung gebracht. Diese statischen Methoden unterliegen zahlreichen apparativen Einflüssen. Ihre Ergebnisse können besten Falles eine gewisse relative Übereinstimmung mit den Ergebnissen nach der dynamischen Methode zeigen.

Um ein Beispiel zu geben, wieweit die bei Untersuchungen unter konstantem Druck gebräuchlichen Methoden hinsichtlich der gemessenen Werte für die Geschwindigkeit des Flammenfortschrittes auseinandergehen, wurden in Abb. 1 (Zahlentafel 1) sowohl die von P a y m a n n und W h e e l e r in einem horizontalen Glasrohr von 2,5 cm $\varnothing$ und 1,5 m Länge gemessenen maximalen Geschwindigkeiten der gleichförmigen Flammenbewegung $u_{f\max}$ als auch die vom Verfasser nach der dynamischen Methode gemessenen maximalen Zündgeschwindigkeiten $u_{\max}$ aufgetragen, wenn Methan das Brenngas ist, und die Verbrennung mit Atmosphären verschiedenen Stickstoffgehaltes bei etwa 16° C und 750 mm Q. S. erfolgt. Nach den Messungen von S t e v e n s wurde der Maximalwert der Fortpflanzungsgeschwindigkeit des Methans bei kugelförmiger Flammenausbreitung mit reinem Sauerstoff als Atmosphäre vermerkt, den er bei 33,33% Methan zu 623 cm/sec bestimmt hat.

[21]) H. Mache, Verbrennungserscheinungen, Leipzig 1918.
[22]) Ubbelohde u. Koelliker, GWF **59** (1916), 49.
[23]) K. Bunte u. W. Litterscheidt a. a. O.
[24]) W. Lindner, VDI **75** (1931), 1260, 1419.
[25]) H. Brückner u. G. Jahn, GWF **74** (1931), 1012.
[26]) Stevens, Industr. and Eng. Chem. **20** (1928), 1018.

Vergleicht man die Werte der drei Methoden mit reinem Sauerstoff, so ist in bezug auf die Werte von P a y m a n n und W h e e l e r die maximale Fortpflanzungsgeschwindigkeit 16,5 mal größer als die maximale

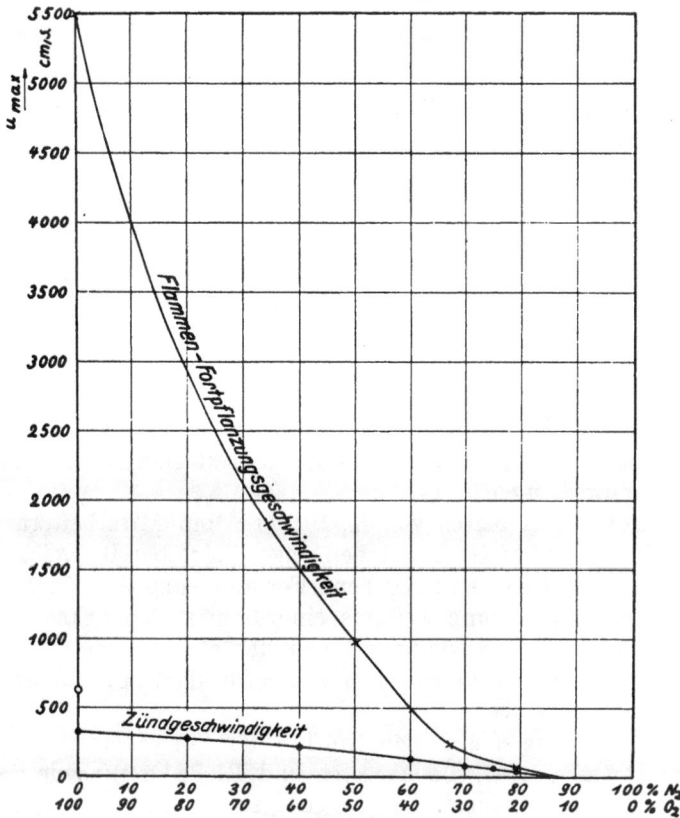

Abb. 1.

Vergleich der nach der statischen Methode gemessenen maximalen Fortpflanzungsgeschwindigkeiten mit den nach der dynamischen Methode gemessenen maximalen Zündgeschwindigkeiten, wenn CH_4 mit Atmosphären verschiedenen N_2-Gehaltes zur Verbrennung gebracht wird.

× Paymann und Wheeler, maximale Fortpflanzungsgeschwindigkeiten in einem horizontalen Rohr von 2,5 cm Durchm. und 1,5 m Länge.

O Stevens, maximale Fortpflanzungsgeschwindigkeit bei kugelförmiger Flammenausbreitung.

● Verfasser, maximale Zündgeschwindigkeiten bei ruhender Flammenschicht im laminaren Gasstrom.

Zündgeschwindigkeit. Der S t e v e n sche Wert ist dagegen nur 1,87 mal größer, ein Beweis, daß die Flammenschicht bei kugelförmiger Flammenausbreitung einen bedeutend geringeren Welligkeitsgrad besitzt. Mit abnehmender Zündgeschwindigkeit nähern sich die Werte der einzelnen Methoden. Mit Luft z. B. ist der Wert nach P a y m a n n und W h e e l e r nur noch 1,88 mal größer als der vom Verfasser für die Zündgeschwindigkeit gefundene.

Zahlentafel 1.

$N_2 : O_2$	Paymann u. Wheeler		Stevens		Verfasser	
	$CH_4\ \%$ ca.	$u_{f\,max}$ cm/sec	$CH_4\ \%$	$u_{f\,max}$ cm/sec	$CH_4\ \%$	u_{max} cm/sec
86,3 : 13,7	6,41	(21,9)	—	—	—	—
79 : 21	9,52	66,6	—	—	10,4	35,4
67 : 33	14,58	232	—	—	15,3	94
50 : 50	19,84	967	—	—	21,4	171
34 : 66	25,08	1822	—	—	26,25	235
0 : 100	33,0	5502	33,33	623	33,3	333

Aus diesen Verhältnissen geht hervor, daß nur die Kenntnis der „Zündgeschwindigkeit" geeignet ist, in die Vielseitigkeit der Zündvorgänge grundlegend einzudringen.

Im Verlauf der Arbeiten von K. B u n t e und Mitarbeitern über die Zündgeschwindigkeit von Gasgemischen zeigten sich bereits Erscheinungen, die sich in die von N u s s e l t gegebene Formulierung der Zündgeschwindigkeitsgleichung nicht ohne weiteres einordnen ließen. Eine starke Beeinflussung der Zündgeschwindigkeit von der chemischen Seite her trat deutlich hervor. Sie wurde mit dem kettenförmigen Charakter des Reaktionsgeschehens erklärt.

Die Untersuchungen über den Einfluß der Vorwärmung von U b b e - l o h d e und D o m m e r [27], T a m m a n n und T h i e l e [28] sowie von P a s - s a u e r [29] bestätigen andererseits mit gewisser Einschränkung einen Anstieg der Zündgeschwindigkeit mit zunehmender Anfangstemperatur T_0, wie ihn die Zündgeschwindigkeitsgleichung enthält. Die zum Teil sich widersprechenden Untersuchungen über den Einfluß des Druckes, wie sie besonders in den Arbeiten von W. L i n d n e r [30] zusammengefaßt dargestellt sind, müssen außerhalb der Überlegungen bleiben.

Die mit der Gl. (6) gegebene Aufteilung der Zündgeschwindigkeitsgleichung in einen Faktor der Reaktionsgeschwindigkeit und des Wärmeeffektes soll die erwünschte Abwägung zwischen den p h y s i k a l i s c h e n und c h e m i s c h e n Einflüssen durch den Versuch ermöglichen.

---

[27] Ubbelohde u. Dommer, GWF **57** (1914), 733, 757, 781, 805.
[28] Tammann u. Thiele, Ztschr. anorgan. Chem. **192** (1930), 68.
[29] Passauer, GWF **73** (1930), 313, 343, 369, 392.
[30] W. Lindner, Entzündung und Verbrennung von Gas- und Brennstoffdampfgemischen, Berlin 1931.

Die Versuchsreihen wurden zu diesem Zweck mit den Brenngasen
Wasserstoff, Kohlenoxyd und Methan derart aufgestellt, daß der brenn-
bare Bestandteil der Gasmischung mit dem jeweilig unter sich verhältnis-
mäßig gleichbleibenden aus Inertgas (Stickstoff oder Kohlensäure) und
Sauerstoff bestehenden Teil, der „Atmosphäre", gemischt wurde.

Zur Messung der Zündgeschwindigkeit nach der dynamischen Methode
diente die Kegelhöhe. Sie wurde mit Hilfe eines Kathetometers bestimmt.
Die Gastemperatur bei Austritt aus dem wassergekühlten Brennerrohr
schwankte um ± 1,5° um den Mittelwert 16° C. Der Barometerstand
während der Versuche kann im Mittel mit 750 mm Q. S. angegeben werden [31]). Bezüglich der Meßanordnung und der Methoden zur Reindarstel-
lung der Gase kann auf die Arbeiten von W. Litterscheidt und
E. Hartmann verwiesen werden.

Zahlentafel 2.

Wasserstoff im Gemisch mit $(N_2 + O_2)$.

Zusammen-setzung des aus N_2 und O_2 bestehenden Gemischanteiles	H_2-Gehalt des stöchio-metrischen Gemisches	H_2-Gehalt desGemisches maxim. Zünd-geschwindig-keit	Maximale Zünd-geschwindig-keit	Extrapolierte Zündgrenzen für die gespaltene Bunsenflamme	
				untere	obere
$N_2 : O_2$	H_2 %	H_2 %	u_{max} cm/sec	H_2 %	H_2 %
0 : 100	66,7	71,0	900	12,5	93,5
1,5 : 98,5	66,5	71,0	890	12,5	93,5
10 : 90	64,3	70,0	848	—	92,75
20 : 80	61,6	68,5	800	—	92,0
30 : 70	58,4	67,0	738	—	91,0
40 : 60	54,6	64,5	669	—	89,5
50 : 50	50,0	61,5	590	—	87,0
60 : 40	44,5	57,5	490	—	84,0
65 : 35	41,2	55,0	440	—	82,0
70 : 30	37,5	51,5	390	—	79,25
75 : 25	33,3	47,5	324	—	75,0
79 : 21	29,6	43,0	267	13,0	71,0
82,5 : 17,5	26,0	38,5	200	13,5	65,0
85 : 15	23,1	35,0	156	14,0	59,0
87,5 : 12,5	20,0	31,0	116	14,7	51,0
93 : 7	12,3	20,0	0	20,0	20,0

[31]) G. Jahn u. G. Müller, GWF **76** (1933), 756.

Zahlentafel 3.

Wasserstoff im Gemisch mit $(CO_2 + O_2)$.

Zusammensetzung des aus CO_2 und O_2 bestehenden Gemischanteiles	H_2-Gehalt des stöchiometrischen Gemisches	H_2-Gehalt des Gemisches maxim. Zündgeschwindigkeit	Maximale Zündgeschwindigkeit	Extrapolierte Zündgrenzen für die gespaltene Bunsenflamme	
				untere	obere
$CO_2 : O_2$	$H_2\,\%$	$H_2\,\%$	u_{max} cm/sec	$H_2\,\%$	$H_2\,\%$
0 : 100	66,7	71,0	900	12,5	93,5
10 : 90	64,3	70,25	832	14,25	92,75
20 : 80	61,6	69,5	764	15,75	91,75
30 : 70	58,4	68,0	680	17,5	90,75
40 : 60	54,6	66,0	595	19,0	89,0
50 : 50	50,0	63,5	502	20,5	86,75
60 : 40	44,5	59,75	390	22,0	83,25
70 : 30	37,5	54,5	264	23,5	77,5
75 : 25	33,3	50,75	200	24,5	72,0
79 : 21	29,6	47,0	138	25,75	66,5
82 : 18	26,5	43,5	93	27,0	59,5
84 : 16	24,3	41,0	67,5	28,5	53,5
88 : 12	19,4	34,5	0	34,5	34,5

Zahlentafel 4.

Kohlenoxyd im Gemisch mit $(N_2 + O_2)$.

Das Kohlenoxyd enthält 1,5 % H_2 und 1,35 % H_2O-Dampf,
N_2 und O_2 wurden getrocknet zugemischt.

Zusammensetzung des aus N_2 und O_2 bestehenden Gemischanteiles	CO-Gehalt des stöchiometrischen Gemisches	CO-Gehalt des Gemisches maxim. Zündgeschwindigkeit	Maximale Zündgeschwindigkeit	Extrapolierte Zündgrenzen für die gespaltene Bunsenflamme	
				untere	obere
$N_2 : O_2$	$CO\,\%$	$CO\,\%$	u_{max} cm/sec	$CO\,\%$	$CO\,\%$
0 : 100	66,7	77,5	107,5	13,0	94,5
1,5 : 98,5	66,5	77,5	107,0	13,0	94,5
20 : 80	61,6	75,5	99,5	—	93,0
40 : 60	54,6	72,5	90,0	—	91,0
60 : 40	44,5	67,0	75,5	—	86,5
70 : 30	37,5	61,5	62,5	—	82,0
79 : 21	29,6	52,5	45,6	13,0	75,0
83 : 17	25,4	47,0	37,0	13,0	69,25
87 : 13	20,65	40,0	27,0	14,0	60,0
93 : 7	12,3	25,5	0	25,5	25,5

Zahlentafel 5.

K o h l e n o x y d im G e m i s c h mit $(CO_2 + O_2)$.

Das Kohlenoxyd enthält 1,5% H_2 und 1,35% H_2O-Dampf, CO_2 und O_2 wurden getrocknet zugemischt.

Zusammen-setzung des aus CO_2 und O_2 bestehenden Gemischanteiles	CO-Gehalt des stöchio-metrischen Gemisches	CO-Gehalt des Gemisches maxim. Zünd-geschwindig-keit	Maximale Zünd-geschwindig-keit	Extrapolierte Zündgrenzen für die gespaltene Bunsenflamme	
				untere	obere
$CO_2 : O_2$	CO %	CO %	u_{max} cm/sec	CO %	CO %
0 : 100	66,7	77,5	107,5	13,0	94,5
20 : 80	61,6	75,5	94,0	16,75	93,0
40 : 60	54,6	72,5	77,5	20,0	90,75
60 : 40	44,5	67,5	53,0	23,25	86,0
70 : 30	37,5	62,5	39,5	24,5	80,75
79 : 21	29,6	54,5	24,0	26,25	71,0
88 : 12	19,4	40,0	0	40,0	40,0

Zahlentafel 6.

M e t h a n im G e m i s c h mit $(N_2 + O_2)$.

Zusammen-setzung des aus N_2 und O_2 bestehenden Gemischanteiles	CH_4-Gehalt des stöchio-metrischen Gemisches	CH_4-Gehalt des Gemisches maxim. Zünd-geschwindig-keit	Maximale Zünd-geschwindig-keit	Extrapolierte Zündgrenzen für die gespaltene Bunsenflamme	
				untere	obere
$N_2 : O_2$	CH_4 %	CH_4 %	u_{max} cm/sec	CH_4 %	CH_4 %
0 : 100	33,33	33,3	333	6,25	55,5
1,5 : 98,5	33,0	33,0	329	6,25	55,5
20 : 80	28,6	29,5	282	—	49,0
40 : 60	23,1	24,25	212	—	40,0
60 : 40	16,7	18,0	127	—	28,0
70 : 30	13,03	14,2	76	—	20,5
75 : 25	11,1	12,2	52	—	16,5
79 : 21	9,5	10,4	35,4	6,25	13,0
86 : 14	6,54	7,25	0	7,25	7,25

Zahlentafel 7.

Methan im Gemisch mit $(CO_2 + O_2)$.

Zusammensetzung des aus CO_2 und O_2 bestehenden Gemischanteiles	CH_4-Gehalt des stöchiometrischen Gemisches	CH_4-Gehalt des Gemisches maxim. Zündgeschwindigkeit	Maximale Zündgeschwindigkeit	Extrapolierte Zündgrenzen für die gespaltene Bunsenflamme	
				untere	obere
$CO_2 : O_2$	CH_4 %	CH_4 %	u_{max} cm/sec	CH_4 %	CH_4 %
0 : 100	33,33	33,3	333	6,25	55,5
10 : 90	31,05	31,5	275,5	6,6	52,5
20 : 80	28,6	29,5	214	7,0	48,5
30 : 70	25,9	27,0	164,5	7,25	44,0
40 : 60	23,1	24,25	114	7,5	39,0
50 : 50	20,0	21,25	74,5	7,8	33,0
60 : 40	16,7	18,0	42,0	8.2	26,5
70 : 30	13,03	14,2	18,3	8,5	19,25
81 : 19	8,67	9,5	0	9,5	9,5

Abb. 2 und 3 enthalten die Werte der Zündgeschwindigkeiten, wenn Wasserstoff mit Atmosphären verschiedener aber jeweilig konstanter Zusammensetzung aus $(N_2 + O_2)$ und $(CO_2 + O_2)$ zur Entzündung gebracht wird. In Zahlentafel 2 und 3 sind die maximalen Zündgeschwindigkeiten, die Gemische maximaler Zündgeschwindigkeit sowie die entsprechenden theoretischen Gemische für vollständige Verbrennung aufgeführt. Die Messungen wurden an der frei brennenden Bunsenflamme ausgeführt. Um den gesamten Kurvenverlauf extrapolieren zu können, wie dies in Abb. 2, 3 und den folgenden Abb. 4—8 geschehen ist, war es notwendig, die Zündgrenzen, wie sie sich nach der dynamischen Methode ergaben, kennenzulernen. An den oberen Grenzgemischen, also nach Brenngasüberschuß hin, sind die Werte maßgebend, welche die gespaltene Flamme liefern würde[32]. Für diese ist die von einem gewissen Brenngasüberschuß an einsetzende Einflußnahme der Sekundärverbrennung, welche mit dem überschüssigen Brenngas und der Umgebungsluft bei der freibrennenden Bunsenflamme stattfindet, auf die Zündgeschwindigkeit im Innenkegel unterbunden.

[32]) Ubbelohde u. Dommer, GWF **57** (1914), 733.

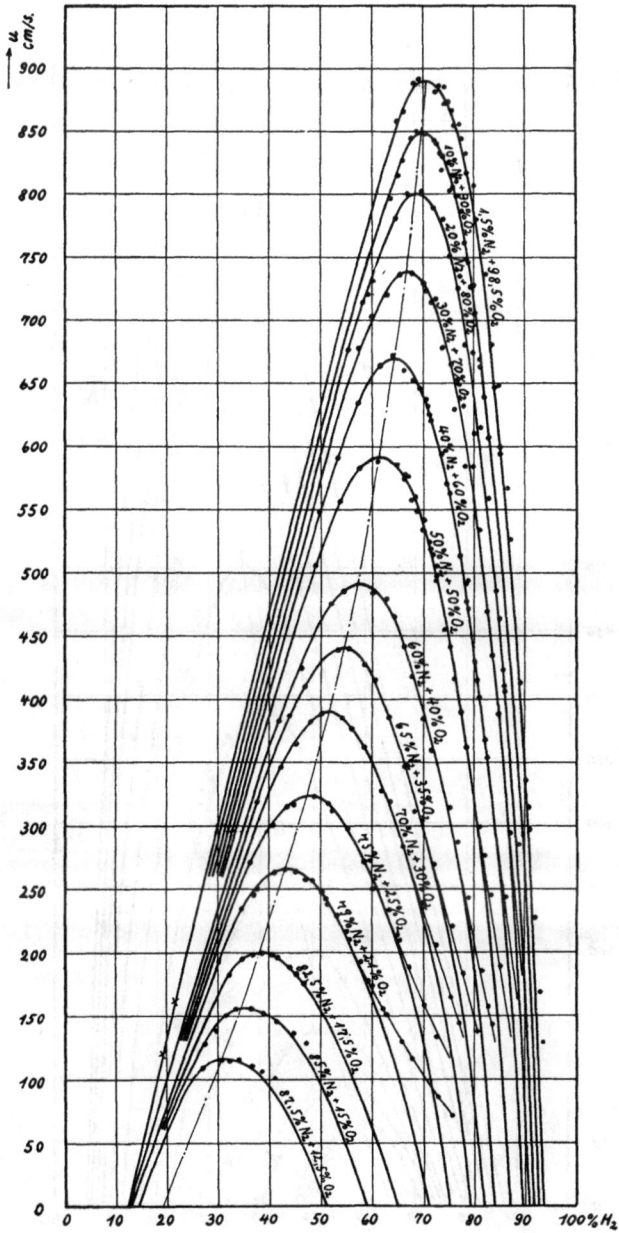

Abb. 2.

Zündgeschwindigkeiten des Wasserstoffes im Gemisch mit
Atmosphären konstanter Zusammensetzung aus ($N_2 + O_2$).

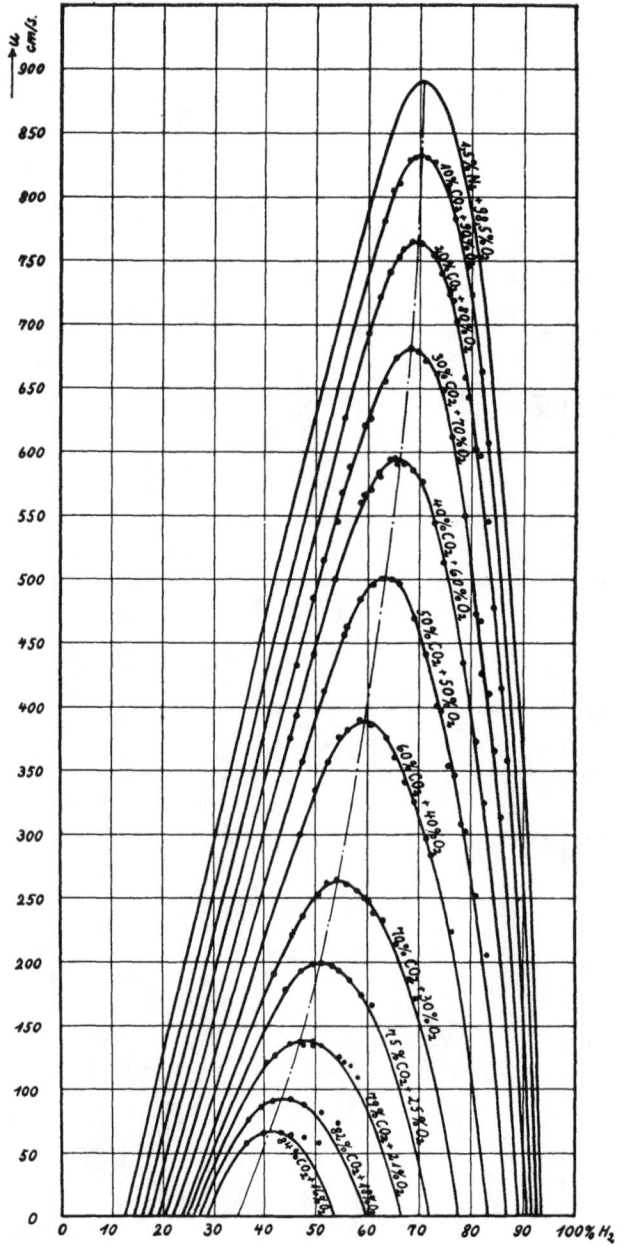

Abb. 3.

Zündgeschwindigkeiten des Wasserstoffes im Gemisch mit
Atmosphären konstanter Zusammensetzung aus $(CO_2 + O_2)$.

Da eingehende experimentelle Untersuchungen über die zugeordneten Zündgrenzen zu weit führen würden, andererseits es wichtig ist, einen genügend zutreffenden Überblick über den gesamten Kurvenverlauf zu gewinnen, wurde ein graphisches Verfahren zu deren Ermittelung ent-

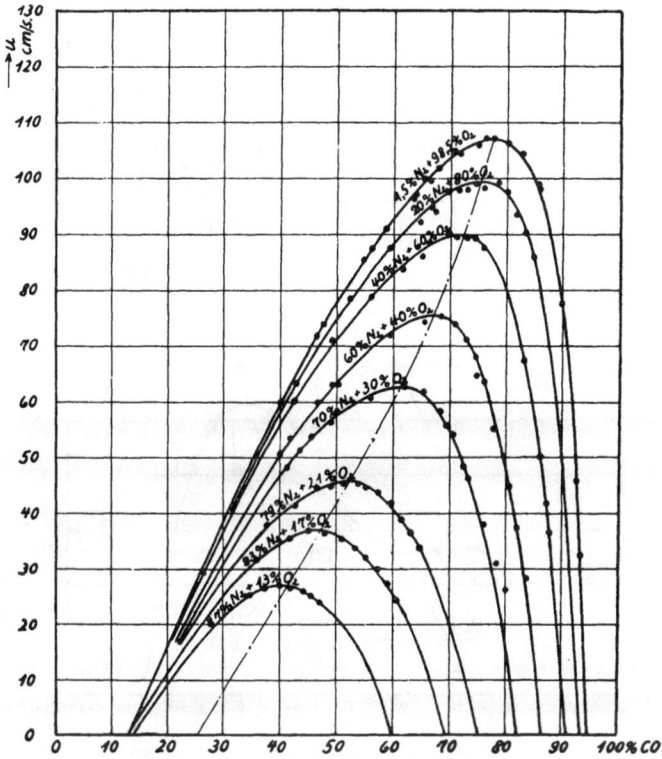

Abb. 4.

Zündgeschwindigkeiten des Kohlenoxydes im Gemisch mit Atmosphären konstanter Zusammensetzung aus $(N_2 + O_2)$. Das Kohlenoxyd enthält 1,5% H_2 und 1,35% Wasserdampf. N_2 und O_2 wurden getrocknet zugemischt.

worfen[33]). Dabei fand eine Anlehnung an Bestimmungen nach der statischen Methode, frühere Messungen an der gespaltenen Flamme und die eigenen Messungen, soweit sie Extrapolationen zulassen, statt. Das Ergebnis enthalten die Zahlentafeln 2—7.

---

[33]) K. Bunte u. G. Jahn, GWF **76** (1933), 89.

Beim Verfolg der in Abb. 2 dünn ausgezogenen Kurvenäste tritt anschaulich hervor, wie stark mit abnehmendem Inertgasgehalt der Atmosphären der Einfluß der Sekundärverbrennung auf die Zündgeschwindigkeit im Innenkegel abnimmt.

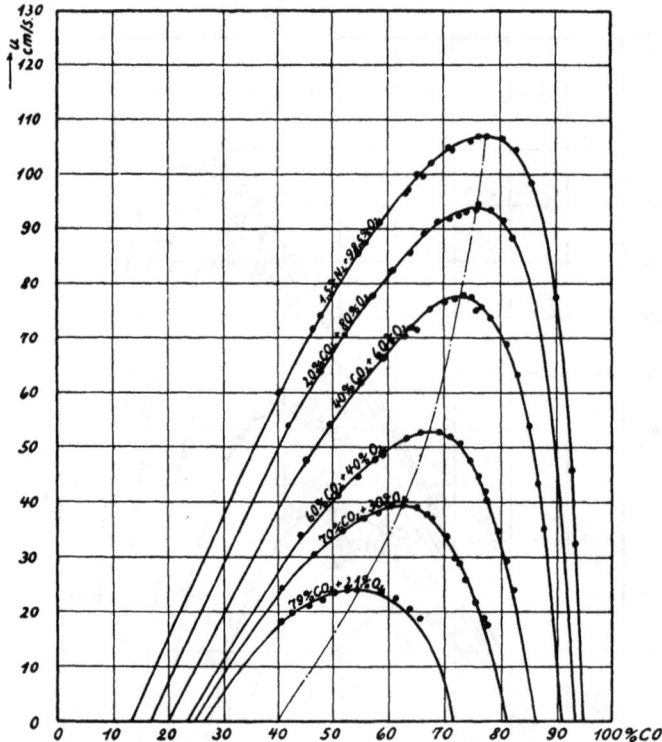

Abb. 5.

Zündgeschwindigkeiten des Kohlenoxydes im Gemisch mit Atmosphären konstanter Zusammensetzung aus ($CO_2 + O_2$). Das Kohlenoxyd enthält 1,5% H_2 und 1,35% Wasserdampf. CO_2 und O_2 wurden getrocknet zugemischt.

Abb. 4 und 5 (Zahlentafel 4 und 5) zeigen die Zündgeschwindig-keiten des Kohlenoxydes. Dem hier verwendeten Kohlenoxyd waren 1,35% Wasserdampf und 1,5% Wasserstoff zugemischt.

Den Einfluß dieses Wasserstoffgehaltes gibt Abb. 6 wieder. Die Zündgeschwindigkeitskurven a und a_1 gelten für das wasserstoffhaltige Kohlenoxyd, die Kurven b und b_1 für wasserstofffreies Kohlenoxyd. Für die Kurven a und b fand die Verbrennung mit einer Atmosphäre aus

$$(1{,}5\% \ N_2 + 98{,}5\% \ O_2),$$

für die Kurven a_1 und b_1 mit einer Atmosphäre aus
$$(79\% \; N_2 + 21\% \; O_2)$$
statt. Inertgas und Sauerstoff wurden in allen Fällen getrocknet zugemischt.

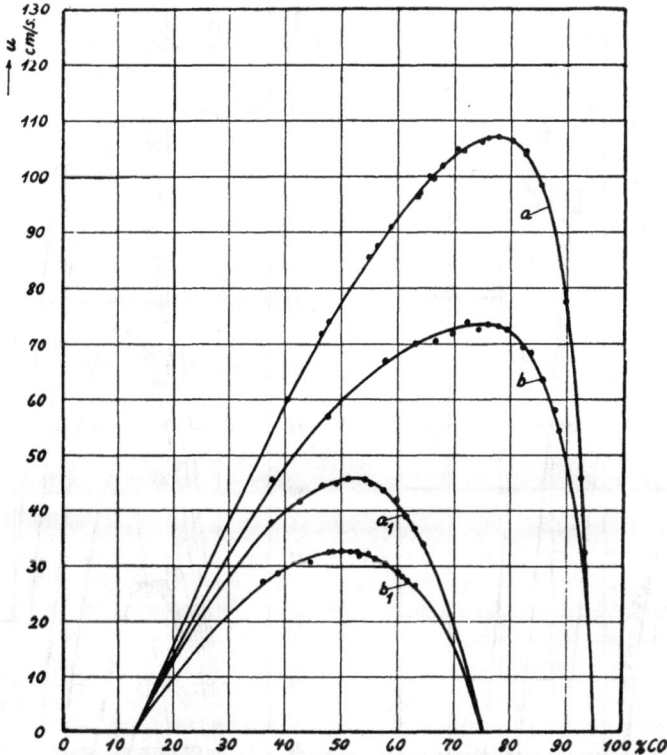

Abb. 6.

Zündgeschwindigkeiten des Kohlenoxydes im Gemisch mit Atmosphären konstanter Zusammensetzung aus $(N_2 + O_2)$.

Kohlenoxyd im Gemisch mit $(1,5\%\,N_2 + 98,5\%\,O_2)$

a Das CO enthält $1,5\%\,H_2$ und $1,35\%\,H_2O$-Dampf.
b Das CO enthält $1,35\%\,H_2O$-Dampf.

Kohlenoxyd im Gemisch mit $(79\%\,N_2 + 21\%\,O_2)$

a_1 Das CO enthält $1,5\%\,H_2$ und $1,35\%\,H_2O$-Dampf.
b_1 Das CO enthält $1,35\%\,H_2O$-Dampf.

N_2 und O_2 wurden getrocknet zugemischt.

Abb. 7 und 8 (Zahlentafel 6 und 7) veranschaulichen die Zündgeschwindigkeiten des Methans. Die dünn ausgezogenen Kurvenzüge gelten wieder für die freibrennende Bunsenflamme.

Die Gemische maximaler Zündgeschwindigkeit wurden in den Abb. 2 bis 8 durch einen strichpunktierten Kurvenzug verbunden.

Jahn 3

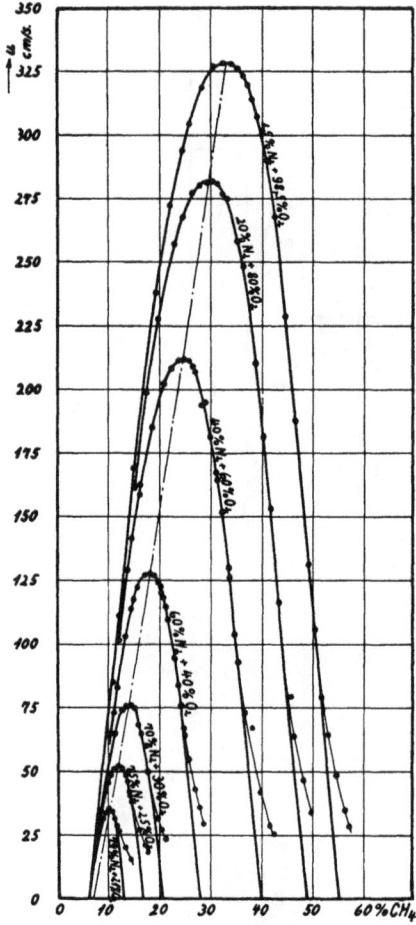

Abb. 7.

Zündgeschwindigkeiten des Methans im Gemisch mit Atmosphären konstanter Zusammensetzung aus $(N_2 + O_2)$.

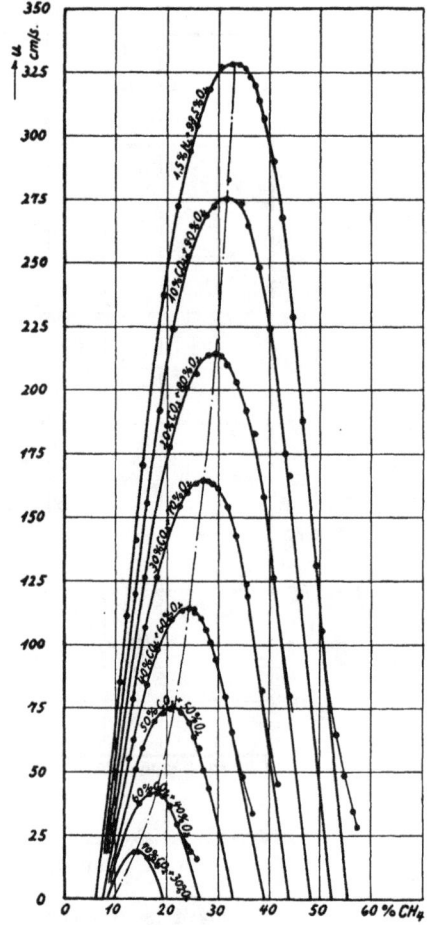

Abb. 8.

Zündgeschwindigkeiten des Methans im Gemisch mit Atmosphären konstanter Zusammensetzung aus $(CO_2 + O_2)$.

Auf die Zündgeschwindigkeit Einfluß nehmende Größen.

Die aus den Abb. 2—8 zu entnehmenden Brenngasgehalte der Gemische maximaler Zündgeschwindigkeit wurden in Abb. 9 über der Zusammensetzung der Atmosphären aufgetragen. Abb. 10 stellt die zugehörigen maximalen Zündgeschwindigkeiten dar (Zahlentafel 2—7). Mit abnehmendem Inertgasgehalt der Atmosphären nehmen diese zu, womit im ganzen genommen die Forderung der Zündgeschwindigkeitsgleichung (6), daß bei Zunahme des den Sauerstoffgehalt der Atmosphäre kennzeichnenden Parameters a die Zündgeschwindigkeit ansteigt, erfüllt erscheint.

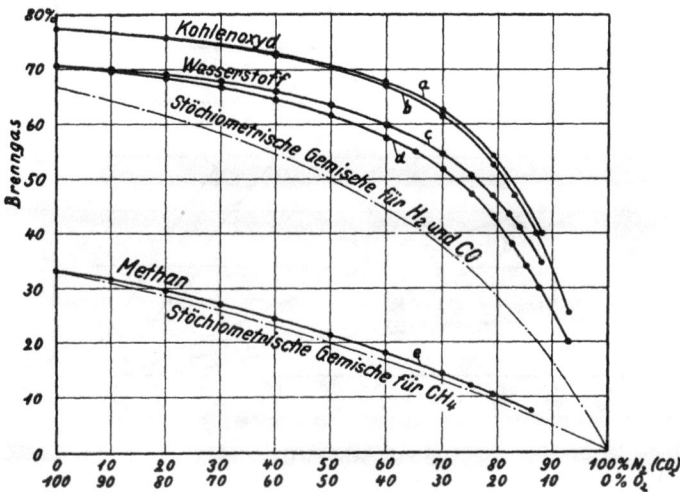

Abb. 9.

Gemische maximaler Zündgeschwindigkeit.

Kurve d, H_2 im Gemisch mit $(N_2 + O_2)$.

„ c, H_2 „ „ „ $(CO_2 + O_2)$.

„ b, CO „ „ „ $(N_2 + O_2)$.

„ a, CO „ „ „ $(CO_2 + O_2)$.

„ e, CH_4 „ „ „ $(N_2 + O_2)$ und $(CO_2 + O_2)$.

Für die einzelnen Brenngase ergeben sich dabei eigene Verhältnisse, auch bei Ersatz des Stickstoffes durch Kohlensäure als Inertgas. Diese Verhältnisse sollen zunächst an dem Verlauf der Gemische maximaler Zündgeschwindigkeit (Abb. 9) klargelegt und der Versuch unternommen werden, diesen Verlauf aus der aufgeteilten Zündgeschwindigkeitsgleichung (6) herzuleiten.

3*

Es wurde bereits bemerkt, daß auf Grund des Zusammenwirkens des Faktors des Wärmeeffektes und des Faktors der Reaktionsgeschwindigkeit bei Verbrennung mit reinem Sauerstoff die Mischung theoretisch vollständiger Verbrennung gleichzeitig diejenige für das Gemisch maximaler Zündgeschwindigkeit darstellen kann. Aus dem Kurvenverlauf (Abb. 9) geht hervor, daß mit abnehmendem Inertgasgehalt der Atmosphären die Gemische maximaler Zündgeschwindigkeit sich den zugehörigen, als strich-

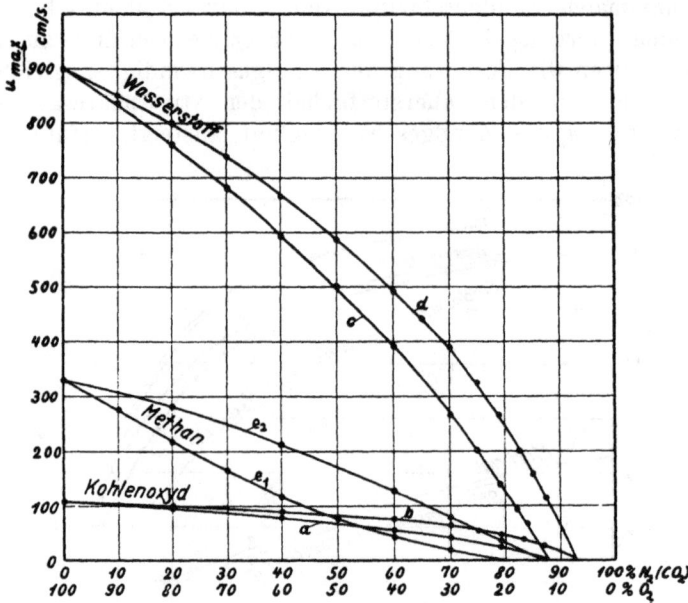

Abb. 10.

Kurven maximaler Zündgeschwindigkeit.

Kurve d, H_2 im Gemisch mit $(H_2 + O_2)$.
„ c, H_2 „ „ „ $(CO_2 + O_2)$.
„ b, CO „ „ „ $(N_2 + O_2)$. } Das CO enthält 1,5 % H_2
„ a, CO „ „ „ $(CO_2 + O_2)$ } und 1,35 % H_2O-Dampf.
„ e_2, CH_4 „ „ „ $(N_2 + O_2)$.
„ e_1, CH_4 „ „ „ $(CO_2 + O_2)$.

punktierte Kurven eingezeichneten stöchiometrischen Gemischen wohl nähern, aber nur bei Methan fallen sie bei reinem Sauerstoff zusammen. Für Wasserstoff liegt das Gemisch maximaler Zündgeschwindigkeit mit Sauerstoff immer noch bei 71 % H_2, für Kohlenoxyd bei 77,5 % CO, während das Gemisch theoretisch vollständiger Verbrennung nur einen Brenngasgehalt von 66,7 % erfordern würde. Dementsprechend verläuft die maximale Zündgeschwindigkeit bei beliebiger Zusammensetzung der Atmosphären so, daß Kohlenoxyd die größte Abweichung von den zugehörigen stöchiometrischen Gemischen aufweist, es folgt Wasserstoff, während die Abweichung bei Methan nur gering ist. Wird Stickstoff durch Kohlensäure als Inertgas ersetzt, so verschieben sich die Gemische maximaler Zündgeschwindigkeit für Wasserstoff (Kurven *d*, *c*) und Kohlenoxyd (Kurven *b*, *a*) nach größerem Brenngasüberschuß hin, und zwar bei Wasserstoff in erheblicherem Ausmaß als bei Kohlenoxyd. Mit zunehmendem Kohlensäuregehalt verstärkt sich diese Erscheinung. Bei Methan bleibt jedoch diese Wirkung aus. Es ist gleichgültig, ob Kohlensäure oder Stickstoff das Inertgas ist, die entsprechenden Brenngasgehalte der Gemische maximaler Zündgeschwindigkeit bleiben sich gleich (Kurve *e*).

Die gefundene Abweichung des Gemisches maximaler Zündgeschwindigkeit mit reinem Sauerstoff vom stöchiometrischen Gemisch könnte beim W a s s e r s t o f f durch die

Wärmeleitfähigkeit

eine Erklärung finden. Sie ist bekanntlich (bei $0°$ C) gegenüber derjenigen des Stickstoffes und Sauerstoffes etwa 7 mal, gegenüber Kohlenoxyd etwa 8 mal und gegenüber Methan etwa 6 mal größer. Nach Gl. (6) tritt die Wärmeleitfähigkeit im Zähler des Wärmeeffektes auf. Der Wärmeeffekt wäre also durch die Wärmeleitfähigkeit des Wasserstoffes so beeinflußt, daß sein Höchstwert nicht beim stöchiometrischen Gemisch, sondern bei Brenngasüberschuß liegt.

Beim K o h l e n o x y d ist jedoch diese Abweichung auch, und zwar in einem noch größeren Ausmaß vorhanden, ohne daß die Wärmeleitfähigkeit erklärend herangezogen werden kann. Die Wärmeleitfähigkeit des Kohlenoxydes ist etwas geringer als die des Sauerstoffes und Stickstoffes.

Es ist also zu vermuten, daß der Faktor der

Reaktionsgeschwindigkeit

in Form der aus der Bruttoreaktion nach dem Massenwirkungsgesetz abgeleiteten Gl. (10) auf Grund der Wirksamkeit des Zwischenchemismus einer Berichtigung oder Ergänzung bedarf. Der bekannte ausschlaggebende Einfluß des Wasserdampfes, Wasserstoffes und wasserstoffhaltiger Gase und Dämpfe auf die Reaktionsgeschwindigkeit des Kohlenoxydes deutet darauf hin.

Während Wasserstoff und Kohlenoxyd als die verbrennungsreifen Gase [34]) sich in ihrem

Verbrennungscharakter

ähneln, nimmt das M e t h a n , wie alle zusammengesetzten Brenngase, eine besondere Stellung ein.

---

[34]) Aufhäuser, Brennstoff und Verbrennung **2** (1928).

Bei Brenngasüberschuß ist zu beachten, daß das überschüssige Methan, bruttoformelmäßig, d. h. ohne Berücksichtigung des Reaktionschemismus betrachtet, bei Verbrennungstemperaturen pyrogen zerfällt und mit seinen Spaltprodukten an der Reaktion teilnimmt.

Zunächst erfordert die Spaltung des Methans Wärme

$$CH_4 = C + 2H_2 - 18\,300 \text{ kcal.}$$

Würde das überschüssige Methan sich nicht pyrogen zersetzen, so könntc ferner bei Brenngasüberschuß die Reaktion des im stöchiometrischen Verhältnis anwesenden Methans nach der Gleichung erfolgen

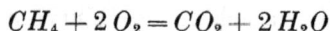

$$CH_4 + 2O_2 = CO_2 + 2H_2O$$

und die gesamte Verbrennungswärme würde frei werden.

Der aus dem pyrogen zersetzten Brenngasüberschuß herrührende Kohlenstoff verbraucht nun aber einen Teil des vorhandenen Sauerstoffes bzw. des Kohlendioxydes oder Wasserdampfes zur Kohlenoxydbildung. Die Bildungswärme [35]) des Kolenoxydes

$$C + O = CO + 26\,150 \text{ kcal}$$

ist aber nur 0,384 mal so roß wie der Wärmeverbrauch für die Zerlegung der Kohlensäure

$$CO_2 = CO + O - 68\,100 \text{ kcal}$$

und nur 0,452 mal so groß wie der Wärmeverbrauch für die Zerlegung des Wasserdampfes

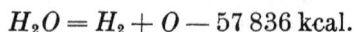

$$H_2O = H_2 + O - 57\,836 \text{ kcal.}$$

Nach Feststellungen von C o w a r d [36]) befinden sich die entstehenden Verbrennungsprodukte CO, H_2, H_2O und CO_2 auch in der Nähe der oberen Zündgrenzen im Wassergasgleichgewicht.

Es folgt daraus, daß die Wärmeentwicklung unter Berücksichtigung der Teilnahme des überschüssigen Methans an der Reaktion eine geringere ist, als wenn nur die Reaktion des zu dem vorhandenen Sauerstoff im stöchiometrischen Verhältnis stehenden Methans erfolgen würde.

Die auseinandergesetzte Komplikation entsteht nicht, wenn Sauerstoff im Überschuß vorhanden ist; der Verbrennungscharakter des Methans ist also bei Brenngasüberschuß hinsichtlich seines thermischen Effektes von dem bei Sauerstoffüberschuß grundsätzlich verschieden. Das Gemisch theoretisch vollständiger Verbrennung gilt als Grenze.

Da die Abnahme der Wärmeentwicklung unmittelbar nach dem stöchiometrischen Gemisch einsetzt, so ist es auch zu verstehen, wenn die Gemische maximaler Zündgeschwindigkeit nur wenig von diesen abweichen, mit reinem Sauerstoff gleichbleiben.

---

[35]) W. Schottky, Thermodynamik (1929), 312.
[36]) H. F. Coward, Fuel 8 (1929), 470.

Damit greifen chemische Vorgänge, deren Auswirkung man eigentlich nur in dem Faktor der Reaktionsgeschwindigkeit erwarten möchte, in den Faktor des Wärmeeffektes Gl. (6). Die **Verbrennungstemperatur** T_v und die **Verbrennungswärme** h_3 werden stark beeinflußt.

Sowohl im Gemisch mit Sauerstoff wie im Gemisch mit Luft unterscheiden sich die mit den einzelnen Brenngasen Wasserstoff, Kohlenoxyd und Methan theoretisch erreichbaren Grenztemperaturen nur wenig [37]). Die Verbrennungstemperatur erfährt aber bei der Methananverbrennung aus den angeführten Gründen mit zunehmendem Brenngasüberschuß eine der entwickelten Verbrennungswärme entsprechend rasche Abnahme.

Es wurden bisher die für den Verlauf der maximalen Zündgeschwindigkeit bei den einzelnen Brenngasen voraussichtlich entscheidenden Größen hervorgehoben. Daneben soll auch auf Einflüsse hingewiesen werden, welche von der spezifischen Wärme und der Zündtemperatur ausgehen können. Die

spezifische Wärme

C_p, für welche der Mittelwert der spezifischen Wärmen der unverbrannten Gase bei T_c und der Verbrennungsprodukte bei T_v in Gl. (6) einzusetzen ist, enthält bereits die Verbrennungstemperatur. Sie erreicht infolge ihrer Zunahme mit der Temperatur beim stöchiometrischen Gemisch als dem Gemisch mit der höchsten Verbrennungstemperatur ihren Höchstwert.

Wasserstoff und Kohlenoxyd besitzen dieselbe spezifische Wärme. Methan kommt zwar ein höherer Wert zu. Dieser wirkt sich aber nur zum Teil aus, da für C_p der obengenannte Mittelwert zu verwenden ist.

Ein Einfluß der spezifischen Wärme auf die Lage der Gemische maximaler Zündgeschwindigkeit tritt erst bei Ersatz des Stickstoffes durch Kohlensäure als Inertgas wegen ihrer höheren spezifischen Wärme deutlich hervor. Dieser Einfluß zeigt sich bei einem Vergleich der Abb. 2, 4 und 7 mit Stickstoff sowie der Abb. 3, 5 und 8 mit Kohlensäure als Inertgas schon an den Zündgrenzen. Mit Kohlensäure werden sie enger.

Nach den Zündgrenzen hin strebt die Zündgeschwindigkeit dem Wert $u = 0$ zu, wobei eine „untere" Zündgrenze, an der sich die Brenngaskonzentration und eine „obere" Zündgrenze, an der sich die Sauerstoffkonzentration im Minimum befindet, zu unterscheiden sind. Nach der Zündgeschwindigkeitsgleichung (6) wird für $u = 0$ die

Zündtemperatur

T_c gleich der Verbrennungstemperatur T_v.

---

[37]) H. Menzel. Die Theorie der Verbrennung, Dresden u. Leipzig 1924.

In Zahlentafel 8 sind die aus der Zusammensetzung der Grenzgemische (Zahlentafel 2, 4, 6) bei Verbrennung mit Sauerstoff und Luft errechneten Verbrennungstemperaturen $T_v = T_c$ angegeben. Zum Vergleich sind die von U b b e l o h d e und D o m m e r *) beim stöchiometrischen Gemisch gefundenen Zündtemperaturen T_c eingesetzt, welchen übrigens die F a l k schen **) Werte naheliegen. Die aus den Zündgrenzen berechneten Zündtemperaturen liegen also erheblich höher als die gemessenen.

Zahlentafel 8.

Gasart	Verbrennung mit Luft					Verbrennung mit Sauerstoff				
	untere Zünd-grenze		obere Zünd-grenze		Ubbelohde u.Dommer	untere Zünd-grenze		obere Zünd-grenze		Ubbelohde u.Dommer
	$^0/_0$ Gas	$T_v = T_c$	$^0/_0$ Gas	$T_v = T_c$	T_c	$^0/_0$ Gas	$T_v = T_c$	$^0/_0$ Gas	$T_v = T_c$	T_c
H_2	13,0	1325	71,0	1265	848—858	12,5	1286	93,5	1325	852—858
CO	13,0	1453	75,0	1245	913—933	13,0	1453	94,5	1283	—
CH_4	6,25	1753	—	—	961—983	6,25	1753	—	—	853—873

In diesem Zusammenhang sei auf die nach der dynamischen Methode ausgeführten Untersuchungen von P a s s a u e r ***) hingewiesen. Entsprechend der N u s s e l t schen Zündgeschwindigkeitsgleichung findet er mit zunehmender Anfangstemperatur T_0 der Verbrennung einen bedeutenden Anstieg. Indessen findet er bei Temperaturen, die als Zündtemperaturen gelten, endliche Zündgeschwindigkeiten, während nach Gl. (6) für $T_0 = T_c$ die Zündgeschwindigkeit unendlich groß werden müßte.

Die bekannten apparativen Einwirkungen (Wandreaktionen) lassen es offenbar nicht zu, die der Flammenreaktion zukommenden tatsächlichen Zündtemperaturen zu erreichen. Ihre Berechnung aus den Zündgrenzen, die unter der Voraussetzung vorgenommen wurde, daß die chemische Umsetzung in der Flamme vollständig ist und Wärmeverluste vernachlässigt werden können, liefert andererseits sicherlich zu hohe Zahlen.

N a g a i [38]) macht die Höhe der Flammen-Fortpflanzungstemperatur bzw. der Zündtemperatur von der Vorstellung abhängig, daß die Moleküle des verbrennenden Gases durch den Zusammenstoß mit Molekülen von hoher Energie in der Flammenschicht aktiviert werden und daß sie dann mit dem Sauerstoff der Luft reagieren, eine Vorstellung, wie sie ähnlich auch für die Einleitung der Kettenreaktion vorauszusetzen ist. Mithin wäre die Fortpflanzung der Flamme eine Folge der hohen Temperatur. Bei zu niedriger Temperatur sind zu wenig Moleküle mit hoher Energie oder reaktionsfähige Atome und Radikale vorhanden und daher

---

*) a. a. O.
**) a. a. O.
***) a. a. O.
[38]) Nagai, Journ. soc. chem. Ind. Japan (Supply) **33** (1930), 110B, 120B.

kann sich die Flamme im Gasgemisch nicht fortpflanzen. Es wäre also eine gewisse minimale Flammentemperatur erforderlich. Auch aus dieser Auffassung läßt sich ableiten, daß die aus den Grenzgemischen berechnete Zündtemperatur wahrscheinlich der über dem gesamten Zündbereich für den Zündvorgang maßgeblichen Temperatur naheliegt.

Wechselwirkung zwischen Reaktionsgeschwindigkeit und Wärmeeffekt.

Die vorstehenden Auseinandersetzungen zeigen, daß sowohl mit Auswirkungen auf den Faktor „Wärmeeffekt" als auch auf den Faktor „Reaktionsgeschwindigkeit" gerechnet werden muß.

Da die Zündtemperatur und, wie beim Methan gezeigt, bei Gasüberschuß auch der wirksame Teil der Verbrennungswärme mit dem Reaktionsmechanismus verknüpft sind, besteht andererseits zwischen beiden Faktoren eine gewisse Beziehung.

Schließlich sind die den Wärmeeffekt ausmachenden physikalischen Größen bis auf die Zündtemperatur T_c und die Anfangstemperatur T_o wieder untereinander abhängig.

Um in diese Vielseitigkeit klarer eindringen zu können, sind einige Vereinfachungen notwendig, die um so angebrachter erscheinen, als es sich um mehr qualitative Untersuchungen handeln soll.

Die Zündtemperatur möge darum über dem Mischungsbereich nur wenig veränderlich eingesetzt werden, und zwar behelfsmäßig mit dem Mittelwert aus den Flammentemperaturen an den Zündgrenzen nach Zahlentafel 8. Für Wasserstoff wäre also die Zündtemperatur mit T_c = 1300° abs. anzunehmen. Die Verhältnisse mit Kohlensäure als Inertgas sollen dabei untergeordneter betrachtet werden.

Wird die Wärmeleitfähigkeit zunächst ausgeschaltet, d. h. $\lambda = 1$ gesetzt, so besitzt der W ä r m e e f f e k t

$$\sqrt{\frac{(T_v - T_c)\,h}{C_p{}^2\,T_c\,(T_v - T_o)\,(T_c - T_o)}}$$

mit $T_c \sim$ konst. allgemein beim stöchiometrischen Gemisch seinen Höchstwert, wie schon einleitend nachgewiesen wurde. Die im Nenner auftretende spezifische Wärme C_p verursacht für sich allein wohl ein Minimum beim stöchiometrischen Gemisch. Der Anstieg mit der Temperatur ist aber, wie das Ergebnis der folgenden Nachrechnung zeigen wird, zu gering, um das Maximum des gesamten Wärmeeffektes zu beeinträchtigen. Die Verbrennungswärme h ist für die Brenngase Wasserstoff und Kohlenoxyd konstant. Für Methan erfährt sie infolge des erwähnten besonderen Verbrennungscharakters bei Brenngasüberschuß unmittelbar nach dem stöchiometrischen Gemisch eine Abnahme. Das Gemisch für den maximalen Wärmeeffekt wird davon nicht beeinflußt.

Nach den von N u s s e l t angegebenen Zahlenwerten unter Verwendung der Zündtemperaturen nach F a l k würde der maximale Wärmeeffekt für $\lambda = 1$ mit Wasserstoff als Brenngas und Luft als Atmosphäre bei einem Gemisch, welches 25,5% H_2, mit Kohlenoxyd als Brenngas bei einem Gemisch, welches 29,6% CO enthält, erreicht werden. Das stöchiometrische Gemisch erfordert in beiden Fällen 29,6% Brenngas, so daß der maximale Wärmeeffekt auch bei über dem Mischungsverhältnis veränderlicher Zündtemperatur zumindest in der Nähe des stöchiometrischen Gemisches anzusetzen wäre.

Unter Einbeziehung der Wärmeleitfähigkeit, für die der Mittelwert der Wärmeleitfähigkeit der unverbrannten Gase bei T_c und der Verbrennungsprodukte bei T_v gilt, findet sich wieder mit den N u s s e l t schen Zahlenwerten der maximale Wärmeeffekt des Wasserstoffes im Gemisch mit Luft bei 45 % H_2 und nach Durchführung der Rechnung mit $T_c = 1300°$ bei 47,5% H_2. Da die Kenntnis der Temperaturfunktion der Wärmeleitfähigkeit unsicher ist u. a. ebenso die Berechnungsweise nach der Mischungsregel, ist diese durch die erwähnte außerordentlich hohe Wärmeleitfähigkeit des Wasserstoffes verursachte Verlagerung des maximalen Wärmeeffektes nach Brenngasüberschuß hin mehr der Richtung nach als zutreffend aufzufassen. Mit Kohlenoxyd als Brenngas weicht der maximale Wärmeeffekt einschließlich Wärmeleitfähigkeit vom stöchiometrischen Gemisch nicht ab. Für Methan liegt kein sonderlicher Anlaß zu einer Abweichung vor, so daß mit Ausnahme des Wasserstoffes der gesamte maximale Wärmeeffekt

$$\sqrt{\frac{\lambda\,(T_v - T_c)\,h}{C_p{}^2\,T_c\,(T_v - T_0)\,(T_c - T_0)}}$$

allgemein bei den stöchiometrischen Gemischen zu erwarten ist.

In Abb. 11 ist weiter eine vereinfachte schematische Darstellung gegeben, aus der deutlich werden soll, in welcher Weise die beiden grundsätzlich verschiedenen Einflüsse der Reaktionsgeschwindigkeit und des Wärmeeffektes in der Zündgeschwindigkeit zusammenwirken. Das Beispiel soll für den Fall gelten, daß die Verbrennung mit Luft stattfindet. Es läßt sich leicht auf beliebige Zusammensetzungen der Atmosphären übertragen. Der Brenngasgehalt ist auf der Abszissenachse abzulesen, während Wärmeeffekt und Reaktionsgeschwindigkeit als Ordinaten aufgezeichnet sind.

Für die R e a k t i o n s g e s c h w i n d i g k e i t ergibt sich für den Fall einer Verbrennung von Wasserstoff oder Kohlenoxyd mit Luft nach Gl. (6) und (10) unter der Voraussetzung eines konstanten Beiwertes C nach Gl. (15) der Kurvenverlauf $C_{konstant}$. Das Kurvenstück, welches innerhalb des Zündbereiches liegt, ist in Abb. 11 stark ausgezogen. Das

Maximum würde theoretisch bei 66,7% Brenngas erreicht werden, und zwar, da der die Zusammensetzung der Atmosphäre kennzeichnende Koeffizient a der Reaktionsgeschwindigkeitsgleichung als Parameter auftritt, unabhängig von der Zusammensetzung der Atmosphäre *).

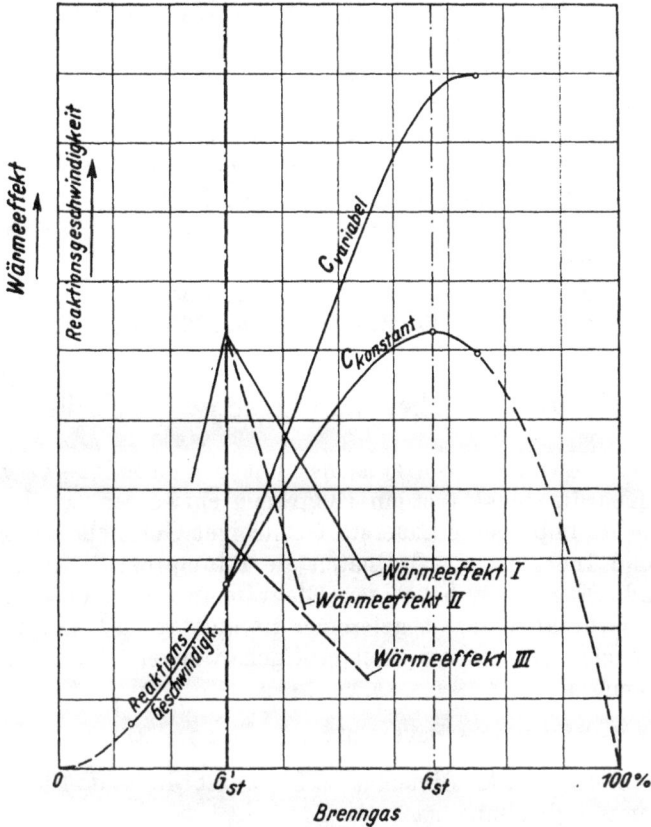

Abb. 11.

Schematische Darstellung des Einflusses des Wärmeeffektes und der Reaktionsgeschwindigkeit auf die Zündgeschwindigkeit.

Über den Verlauf der W ä r m e e f f e k t k u r v e läßt sich infolge des verwickelteren Aufbaues ein eindeutiges Bild nicht ohne weiteres gewinnen.

---

*) Der Verlauf der Reaktionsgeschwindigkeit des Methans nach Gl. (11) wird in Abb. 11 erhalten, wenn man die Reaktionsgeschwindigkeitskurve C = konst. um 180⁰ umwendet. Das Maximum findet sich bei 33,33% CH_4. Entsprechend wäre das stöchiometrische Gemisch mit Luft als Atmosphäre als das Gemisch mit dem maximalen Wärmeeffekt bei 9,5% CH_4 einzusetzen. Da Abb. 17 ein Schema sein soll, kann auf diese besondere Wiedergabe verzichtet werden.

Als Ausdruck wurden Gerade gewählt. Diese können zwar den Kurven-verlauf nicht exakt darstellen, da u. a. der Wärmeeffekt nach den Zünd-grenzen hin rascher gegen Null abfällt. Als Tangenten an den wirklichen Kurvenverlauf aufgefaßt, können sie aber für die folgenden grundsätz-lichen Betrachtungen dienlich sein.

Im Prinzip wurde nachgewiesen, daß der Wärmeeffekt beim stöchio-metrischen Gemisch G'_{st} am größten ist.

Die Neigung und Lage der Linien, welche den Wärmeeffekt darstellen, ist von physikalischen Größen, also neben der Brenngas- und Inertgasart durch den Inertgasgehalt der Atmosphäre bestimmt.

Die Steigung der Reaktionsgeschwindigkeitskurve hängt neben der Größe des Beiwertes C in erster Linie von dem Parameter a ab, also auch wieder vom Inertgasgehalt der Atmosphäre, mit welcher das Brenngas zur Verbrennung gebracht wird.

Einige weitere Folgerungen über die gegenseitigen Beziehungen lassen sich ableiten, wenn man die Zündgeschwindigkeitskurven, wie sie in Abb. 2—8 dargestellt sind, in

Kurven gleicher Zündgeschwindigkeit

umwertet.

Zu diesem Zweck wurde zunächst mit den Abb. 12—17 im recht-winkeligen Koordinatensystem ein Diagramm entworfen, in welchem als Abszissen die Raumprozente Sauerstoff beliebiger Gemische aus Brenngas, Sauerstoff und Inertgas, als Ordinaten die Raumprozente Brenngas auf-getragen sind. Für einen beliebigen Diagrammpunkt findet sich der zu dem auf der Ordinatenachse abgelesenen Brenngasgehalt und zu dem auf der Abszissenachse abgelesenen Sauerstoffgehalt zugehörige Inertgasgehalt aus der Summe

$$\text{Brenngas} + \text{Sauerstoff} + \text{Inertgas} = 100\%.$$

Für Wasserstoff als Brenngas z. B. lautet die auf 100 Raumteile bezogene Gemischgleichung nach Gl. (4)

$$H_2 + \frac{(100 - H_2)}{100} (a + b) = 100$$

oder

$$H_2 + \frac{(100 - H_2)}{100} a \left(1 + \frac{b}{a}\right) = 100. \qquad (16)$$

Bei beliebig wählbarem Verhältnis $N_2 : O_2$ oder $CO_2 : O_2 = b : a$ nimmt die Gemischgleichung jeweils die Form der Gleichung einer Geraden an. Trägt man über dem Sauerstoffgehalt der Gesamtmischung

$$O_2 = \frac{(100 - H_2)}{100} a$$

den Brenngasgehalt H_2 auf, so ergeben sich die in Abb. 12—17 vom Punkt 100% Brenngas nach der Abszissenachse hin gezogenen Geraden. Jeder dieser Gemischgeraden kommt ein bestimmter Wert des die Zusammensetzung der Atmosphäre, d. h. die verhältnismäßige Zusammensetzung des Gemischanteils Inertgas und Sauerstoff, mit welchem das Brenngas sich in Mischung befindet, kennzeichnenden Parameters a zu. Da auf der Abszissenachse der Brenngasgehalt null ist, geht Gl. (4) in die Form über

$$a + b = 100,$$

so daß die Zusammensetzung der den einzelnen Gemischgeraden entsprechenden Atmosphären auf der Abszissenachse zu entnehmen ist, wenn man den an ihren Schnittpunkten mit dieser abzulesenden Sauerstoffgehalt zu 100 Teilen ergänzt.

Durch die Zündgeschwindigkeitskurven der Abb. 2—8 wurden nun zur Ordinatenachse senkrechte Schnitte gelegt. Diese Schnitte gestatten, die den einzelnen Zündgeschwindigkeitskurven für verschiedene Zusammensetzung der Atmosphären bei jeweilig gleicher Zündgeschwindigkeit zukommenden Brenngasgehalte auf der Abszissenachse abzulesen. In die Diagramme der Abb. 12—17 wurden diese Gemische gleicher Zündgeschwindigkeit eingetragen und durch Kurven gleicher Zündgeschwindigkeit zusammengefaßt. Die Zündgrenzen sind durch die Zündgeschwindigkeit $u = 0$ gekennzeichnet.

Die Kurven gleicher Zündgeschwindigkeit stellen für die Gemische mit Kohlenoxyd und Wasserstoff Kurvenscharen hyperbolischen Charakters dar. Als verbrennungsreife Gase haben sie eine ähnliche Verbrennungscharakteristik. Für Gemische mit Methan verwischt sich dieser hyperbolische Charakter im Bereich des Brenngasüberschusses als Folge der hier verwickelteren Methanverbrennung. Der gesamte Kurvenverlauf erscheint wesentlich komplizierter.

Bevor die Kurven gleicher Zündgeschwindigkeit in Verbindung mit der Abb. 11 im einzelnen erörtert werden, sind bezüglich der Anwendung der Diagramme der Abb. 12—17 einige Bemmerkungen zu machen.

Die Gemischgleichung (4) läßt sich auch derart umformen, daß sich Sauerstoff mit einem aus Brenngas und Inertgas bestehenden Gemischanteil jeweils konstanter Zusammensetzung in Mischung befindet. Bezeichnet a' den Brenngasgehalt, b' den Inertgasgehalt dieses Gemischanteiles, so gilt

$$a' + b' = 100,$$

und die Gemischgleichung lautet jetzt

$$O_2 + \frac{(100 - O_2)}{100} a' \left(1 + \frac{b'}{a'}\right) = 100. \tag{17}$$

Bei beliebig wählbarem Verhältnis Inertgas : Brenngas = $b' : a'$ handelt es sich also wieder um die Gleichung einer Geraden, nur gegenüber

Gl. (16) mit dem Unterschied, daß sich diese Gemischgeraden in Abb. 12 bis 17 als Verbindungslinien vom Punkt 100% O_2 mit Punkten auf der Ordinatenachse darstellen. Da für die Ordinatenachse selbst Gl. (17) wegen $O_2 = 0$ in die Form

$$a' + b' = 100$$

übergeht, ist die Zusammensetzung des Gemischanteils Brenngas : Inertgas = konst. auf dieser abzulesen, wenn man den am Schnittpunkt der Gemischgeraden zu entnehmenden Brenngasgehalt zu 100 Teilen ergänzt.

Die Gemischgleichung (16) könnte auch so abgeändert werden, daß das Inertgas mit einem aus Brenngas und Sauerstoff bestehenden Gemischanteil konstanter Zusammensetzung gemischt wird. Setzt man das Verhältnis Brenngas : Sauerstoff nach den stöchiometrischen Bedingungen ein, also für Wasserstoff und Kohlenoxyd wie 2 : 1 oder für die Methanverbrennung wie 1 : 2, so erübrigt es sich, die Gemischgleichung hier besonders aufzuschreiben, um einzusehen, daß die stöchiometrischen Gemische für beliebige Zusammensetzung der Atmosphären aus Inertgas und Sauerstoff durch die in den Abb. 12—17 vom Punkt 0% O_2 aus strichpunktiert eingezeichneten Gemischgeraden wiedergegeben werden.

Für die folgenden Betrachtungen soll nun von einer Kombination der Gl. (16) und (17) Gebrauch gemacht werden. Es lassen sich Gemischreihen I für ein konstantes Verhältnis $N_2 : O_2$ oder $CO_2 : O_2$ und Gemischreihen II für ein konstantes Verhältnis N_2 : Brenngas oder CO_2 : Brenngas derart aufstellen, daß ihnen das gleiche stöchiometrische Gemisch gemeinsam ist. Wenn man für den Brenngasunterschußbereich 0%—G'_{st} % wieder auf die entsprechende Gemischreihe I zurückgeht, so unterscheiden sich die Gemischreihen I und II lediglich dadurch, daß im Brenngasüberschußbereich G_{st} %—100% mit den letzteren der überschüssige Brenngasanteil der ersteren, bei im übrigen gleich bleibender Zusammensetzung des reagierenden Gemischanteils Brenngas : Sauerstoff : Inertgas = konst., durch überschüssigen Sauerstoff ersetzt wird*). Dieser überschüssige

---

*) Die Verhältnisse lassen sich am besten mit Hilfe eines Zahlenbeispieles verfolgen. Ist z. B. Wasserstoff das Brenngas, so lautet nach Gl. (16) und (17) die Bedingungsgleichung dafür, daß sich die Gemischreihen I und II einander entsprechen, d. h. das gleiche stöchiometrische Gemisch gemeinsam haben, da sich zwei Raumteile Wasserstoff und ein Raumteil Sauerstoff zu zwei Raumteilen Wasserdampf vereinigen,

$$\frac{H_2}{\dfrac{(100 - H_2)\,a}{100}} = \frac{\dfrac{(100 - O_2)\,a'}{100}}{O_2} = 2.$$

Führt man diese Beziehung in Gl. (16) und (17) ein, so ergibt sich, daß zwischen der Zusammensetzung des Gemischanteiles Inertgas : Sauerstoff = konst. der Gemischreihen I und der Zusammensetzung des Gemischanteiles Inertgas : Brenngas = konst. der Gemischreihen II die Beziehung besteht

$$\frac{b}{a} = 2\,\frac{b'}{a'}. \tag{18}$$

Sauerstoff der Gemischreihen II ist also sinngemäß als „Brenngas" nur mit gegenüber dem wirklichen Brenngas veränderten physikalischen Eigenschaften aufzufassen. Mit anderen Worten läuft diese Kombination darauf hinaus, daß einmal reines Brenngas, das andere Mal ein „Brenngas", welches aus wirklichem Brenngas und überschüssigem Sauerstoff besteht, mit der gleichen Atmosphäre z. B. Luft zur Entzündung gelangt. Das Schema der Abb. 11 bleibt im „Brenngas"-Überschußbereich $G'_{st}\%$—100% für die Gemischreihen II unverändert, da ja für diesen Fall auch in der Reaktionsgeschwindigkeitsgleichung der überschüssige Sauerstoff dem wirklichen Brenngas zuzurechnen ist.

Da eine ähnliche Beziehung zwischen dem Brenngasunterschußbereich der Gemischreihen I und dem Sauerstoffunterschußbereich der Gemischreihen II nicht so offensichtlich ist, andererseits ein solcher Vergleich zu weit getrieben und gewagt erscheint, ist für die folgenden Erörterungen von den Gemischreihen II nur im besprochenen „Brenngas"-Überschußbereich $G'_{st}\%$—100% Gebrauch gemacht. Für den Brenngasunterschußbereich 0%—$G'_{st}\%$ hat man immer wieder auf die entsprechende Gemischreihe I zurückzugehen.

Die einander entsprechenden Gemischreihen finden sich, wenn in Abb. 12—17 die Gemischgeraden I und II so gelegt werden, daß sie sich

---

Dieselbe Beziehung gilt für Kohlenoxyd als Brenngas. Da sich ein Raumteil Methan mit zwei Raumteilen Sauerstoff zu einem Raumteil Kohlensäure und zwei Raumteilen Wasserdampf vereinigt, würde für diesen Fall gelten

$$\frac{b}{a} = \frac{1}{2}\frac{b'}{a'}. \tag{19}$$

Besitzt nun ein Gemisch der Gemischreihe I z. B. die Zusammensetzung

$$50\% H_2 + \frac{(100-50)}{100}(79\% N_2 + 21\% O_2) = 100\%, \tag{I}$$

so entspricht der Gemischreihe II nach Gl. (18) ein Gemisch von der Zusammensetzung

$$x\% O_2 + \frac{(100-x)}{100}(65{,}25\% N_2 + 34{,}75\% H_2) = 100\%.$$

Schreibt man die Gemischgleichung (I) so an, daß der überschüssige Wasserstoff und der sich im stöchiometrischen Verhältnis ergänzende Gemischanteil getrennt auftritt, so lautet diese

$$29\% H_2 + (21\% H_2 + 10{,}5\% O_2 + 39{,}5\% N_2) = 100\%.$$

Im Gemisch II sollen die überschüssigen 29% H_2 des Gemisches I durch Sauerstoff ersetzt werden. Es muß daher dieses Gemisch die folgende Zusammensetzung aufweisen

$$29\% O_2 + (21\% H_2 + 10{,}5\% O_2 + 39{,}5\% N_2) = 100\%.$$

Die gesuchten Raumprozente Sauerstoff im Gemisch II finden sich danach zu

$$x = 39{,}5\% O_2$$

und der Gemischgleichung (I) läßt sich die Gemischgleichung (II) in der Formulierung

$$(29\% O_2 + 21\% H_2) + \frac{(100-50)}{100}(79\% N_2 + 21\% O_2) = 100\% \tag{II}$$

gegenüberstellen.

mit der strichpunktierten stöchiometrischen Gemischgeraden gemeinsam schneiden, da damit die Forderung gleicher gemeinsamer stöchiometrischer Gemische erfüllt ist.

Beim

Wasserstoff

war dessen außerordentlich hohe Wärmeleitfähigkeit als Erklärung für die Abweichung des Gemisches maximaler Zündgeschwindigkeit vom zugehörigen stöchiometrischen Gemisch bei Verbrennung mit reinem Sauerstoff herangezogen worden. Entsprechend wird auch der übrige Verlauf (Abb. 9, 12, 13) beeinflußt. Es wurde bereits auf Grund einer Nachrechnung bemerkt, daß der maximale Wärmeeffekt bei Verbrennung mit Luft in den Brenngasüberschußbereich $G'_{st}\%$ — $G_{st}\%$ fällt. Bei Verbrennung mit Sauerstoff wird diese Erscheinung ähnlich auftreten, d. h. der maximale Wärmeeffekt ist im Brenngasüberschußbereich $G_{st}\%$ — 100% zu suchen. Unter Zuhilfenahme des Schemas der Abb. 11 ist also leicht zu übersehen, daß sich infolge der maximalen Reaktionsgeschwindigkeit mit konstantem Beiwert $C = $ konst. an der Stelle $G_{st} = 66,7\%$ H_2 und des maximalen Wärmeeffektes im Brenngasüberschußbereich $G_{st}\%$ — 100% eben das bei $71,0\%$ H_2 mit reinem Sauerstoff als Atmosphäre gefundene Gemisch maximaler Zündgeschwindigkeit herausstellen kann.

Ersetzt man nun den überschüssigen Wasserstoff mit Hilfe der Gemischreihen II Inertgas : Brenngas = konst. durch überschüssigen Sauerstoff, so muß sich infolge der bei $0°$ etwa 7 mal geringeren Wärmeleitfähigkeit des Sauerstoffes zeigen, daß die Zündgeschwindigkeit der Gemischreihen II niedriger ist als die entsprechende der Gemischreihen I. Denn nach Gl. (6) ist die Zündgeschwindigkeit der Wurzel aus der Wärmeleitfähigkeit proportional. Bei den übrigen Größen der Gl. (6) ist eine wesentliche Veränderung nicht eingetreten, Wasserstoff und Sauerstoff besitzen gleiche spezifische Wärmen.

Darüber hinaus dürfte sich jetzt der maximale Wärmeeffekt der Gemischreihen II beim stöchiometrischen Gemisch $G'_{st}\%$ finden, wenn man in der für die Anwendung der Gemischreihen II vorausgesetzten Weise für den Brenngasunterschußbereich 0% — $G'_{st}\%$ wieder auf die Gemischreihen I zurückgreift. Die Gemische maximaler Zündgeschwindigkeit müßten darum hier näher bei den zugehörigen stöchiometrischen Gemischen liegen wie diejenigen der Gemischreihen I.

An die Kurven gleicher Zündgeschwindigkeit lassen sich dazu vom Punkt 100% Brenngas und 100% O_2 aus Tangenten legen, wie dies in den Abb. 12—17 für ein Beispiel ausgeführt wurde. Die Berührungspunkte dieser Tangenten mit den Kurven gleicher Zündgeschwindigkeit definieren jeweilig Gemische maximaler Zündgeschwindigkeit. Für die Gemischreihen I stellt die auf diese Weise ermittelte stark ausgezogene Schnittkurve der Kurven gleicher Zündgeschwindigkeit den Verlauf der Gemische maximaler Zündgeschwindigkeit dar. Diese Schnittkurven entsprechen gleichzeitig der Abb. 9. Für die Gemischreihen II geben die gestrichelten Schnittkurven den entsprechenden Verlauf wieder. Infolge der zum Teil flachen Tangentenberührung ist die letztere Schnittkurve mehr richtungangebend aufzufassen.

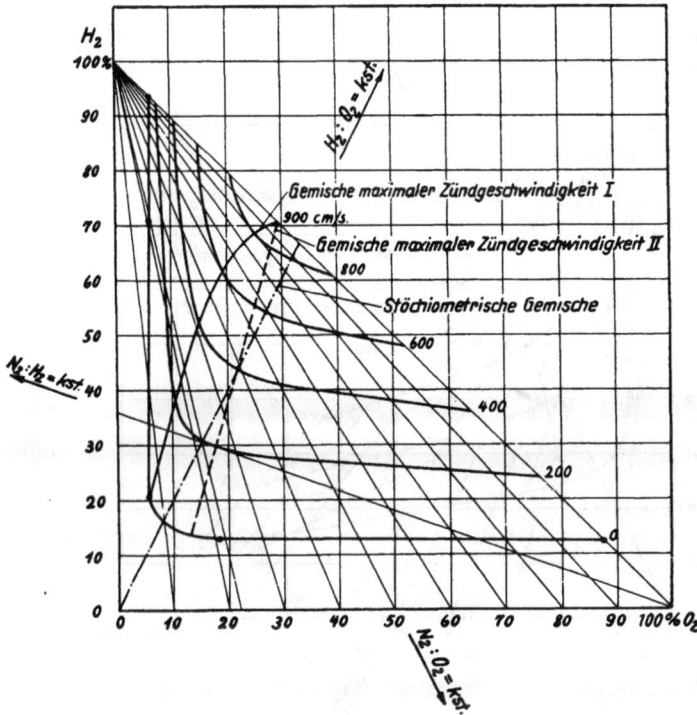

Abb. 12.
Kurven gleicher Zündgeschwindigkeiten des Wasserstoffes im Gemisch mit ($N_2 + O_2$).

In Abb. 12—17 wird der Brenngasüberschußbereich G'_{st}% — 100% (Abb. 11) für die Gemischreihen I links, der Brenngasunterschußbereich 0% — G'_{st}% rechts der stöchiometrischen Gemischgeraden, der „Brenngas"-Überschußbereich G'_{st}% — 100% der Gemischreihen II, von dem bei diesen Erörterungen ausschließlich Gebrauch gemacht werden soll, ebenfalls rechts der strichpunktierten stöchiometrischen Gemischgeraden wiedergegeben.

Für die Gemische maximaler Zündgeschwindigkeit der Gemischreihen II ist an dem Verlauf der gestrichelten Schnittkurve (Abb. 12, 13) zu erkennen, daß diese nur noch z. T. in den „Brenngas-"Überschußbereich

$G'_{st}\%$ — 100% fallen, und zwar liegen sie erwartungsgemäß bedeutend näher an den zugehörigen stöchiometrischen Gemischen als diejenigen der Gemischreihen I. Im übrigen aber, d. h. oberhalb des Überschneidungspunktes der gestrichelten Schnittkurve mit der stöchiometrischen Gemischgeraden, kennzeichnet die letztere selbst die Gemische maximaler Zündgeschwindigkeit II im Sinne der vorgenommenen Kombination.

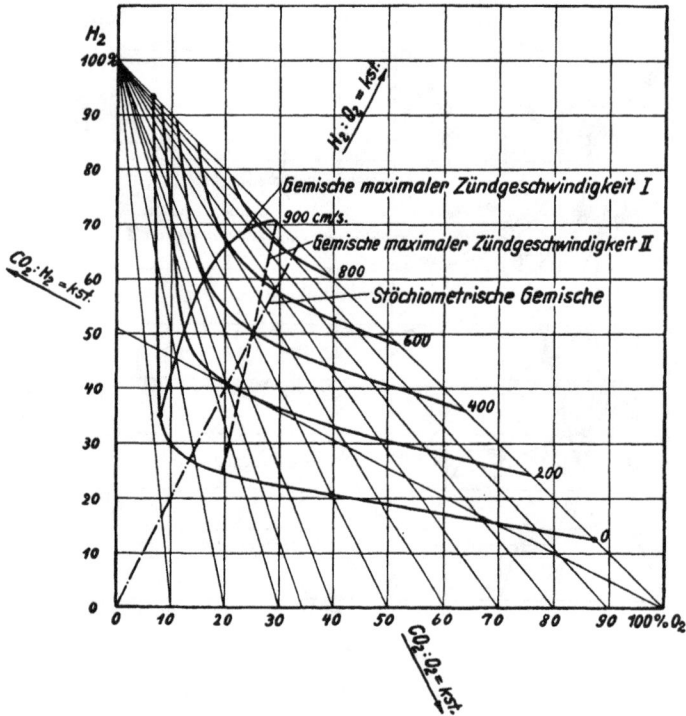

Abb. 13.

Kurven gleicher Zündgeschwindigkeiten des Wasserstoffes im Gemisch mit ($CO_2 + O_2$).

Verfolgt man die Gemischreihen I und II sinngemäß so, daß man auf der stöchiometrischen Gemischgeraden Punkte festhält und durch diese einmal die Gemischgerade I legt, das andere Mal, um die Gemischreihe II im „Brenngas"-Überschußbereich zu erhalten, diese Punkte mit dem Punkt 100% O_2 auf der Abszissenachse verbindet, wie dies für ein Beispiel in Abb. 12 und 13 auch ausgeführt ist, so findet sich dabei, daß die Gemischreihe I in Übereinstimmung mit der Voraussage immer eine höhere Zündgeschwindigkeit erreicht wie die zugehörige Gemischreihe II. Bei Verbrennung mit reinem Sauerstoff ist der Unterschied der maximalen Zündgeschwindigkeiten an dem Schnittpunkt der stark ausgezogenen Schnittkurve für die Gemischreihe I und der strichpunktierten stöchiometrischen Gemischgeraden für die Gemischreihe II mit der Verbindungsgeraden zwischen dem Punkt 100% H_2 der Ordinatenachse und dem Punkt 100% O_2 der Abszissenachse abzulesen.

Die Wasserdampfsättigung und Wasserstoffbeimengung war nur beim

Kohlenoxyd

selbst vorgenommen worden, nicht aber mit der Atmosphäre aus Inertgas und Sauerstoff, mit welcher dasselbe zur Verbrennung gelangen sollte. Das verwendete Kohlenoxyd enthielt 1,35% Wasserdampf und 1,5% Wasserstoff. Bei Kohlenoxydüberschuß trifft infolgedessen mit zunehmendem Kohlenoxydgehalt der Mischung auf den im stöchiometrischen Verhältnis reagierenden Gemischanteil immer mehr aus dem überschüssigen Kohlenoxyd herrührender Wasserdampf und Wasserstoff, während bei Kohlenoxydunterschuß der reagierende Gemischanteil immer einen konstanten Betrag zugewiesen erhält.

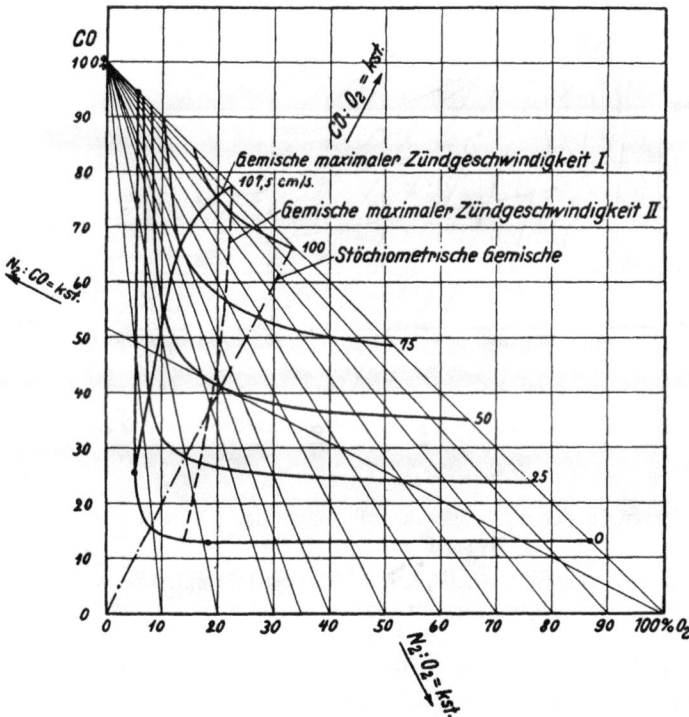

Abb. 14.

Kurven gleicher Zündgeschwindigkeiten des Kohlenoxydes im Gemisch mit ($N_2 + O_2$).
Das CO enthält 1,5% H_2 und 1,35% H_2O-Dampf. N_2 und O_2 wurden getrocknet zugemischt.

4*

Nimmt man daher für die vorliegenden Verhältnisse den Beiwert C_2 im Brenngasunterschußbereich $0\% - G'_{st} \%$ (Abb. 11) nach Gl. (15) konstant an, wobei die Größe von der Menge der in konstantem Betrage zugesetzten reaktionsbeschleunigenden Mittel abhängig ist, so wird im Brenngasüberschußbereich $G'_{st} \% - 100\%$ dagegen der Beiwert C_2 fortlaufend ansteigen müssen, solange eben z. B. der fortlaufend ansteigende Wasser-

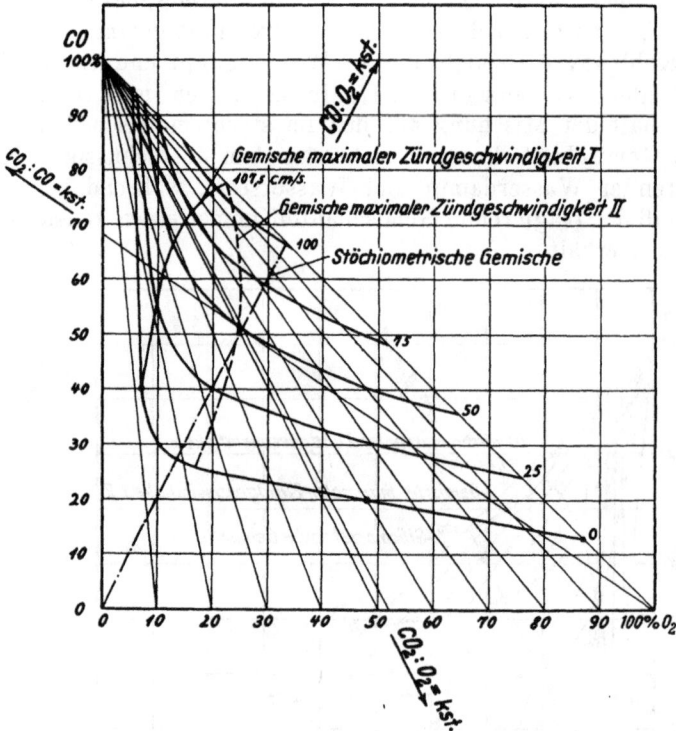

Abb. 15.

Kurven gleicher Zündgeschwindigkeiten des Kohlenoxydes im Gemisch mit ($CO_2 + O_2$).

Das CO enthält $1,5\%$ H_2 und $1,35\%$ H_2O-Dampf. CO_2 und O_2 wurden getrocknet zugemischt.

dampfzusatz reaktionsbeschleunigend wirken kann und nicht als inerter Ballast auftritt. Die Reaktionsgeschwindigkeit nimmt dementsprechend einen Verlauf an, wie er mit der Kurve C variabel veranschaulicht ist. Die maximale Reaktionsgeschwindigkeit ist wegen der Zunahme des Beiwertes C_2 mit zunehmendem Brenngasüberschuß nicht mehr an der Stelle $G_{st} = 66,7\%$ CO, sondern erst im Bereich $G_{st} \% - 100\%$ zu erwarten, während der maximale Wärmeeffekt unverändert beim stöchiometrischen

Gemisch, z. B. bei Verbrennung mit reinem Sauerstoff an der Stelle G_{st}% bestehen bleibt, womit wiederum das bei 77,5% CO im Brenngas·überschußbereich gefundene Gemisch maximaler Zündgeschwindigkeit erklärt wäre. Der Anstieg des Beiwertes C_2 im Gebiet des Brenngasüberschusses müßte nach den Versuchsergebnissen beurteilt im allgemeinen so erfolgen, daß die Gemische maximaler Zündgeschwindigkeit für Kohlenoxyd in Abb. 9 über diejenigen für Wasserstoff zu liegen kommen.

Mit Hilfe der Gemischreihen II kann, da das überschüssige Kohlenoxyd der Gemischreihen I durch wasserdampf- und wasserstofffreien Sauerstoff ersetzt wird, erreicht werden, daß auch im Brenngasüberschußbereich G'_{st}% — 100% der Beiwert C_2 konstant bleibt. Für die Gemischreihe II wäre danach die Reaktionsgeschwindigkeitskurve $C_{konstant}$ und für die Gemischreihe I die Reaktionsgeschwindigkeitskurve $C_{variabel}$ anzunehmen. Da Kohlenoxyd und Sauerstoff gleiche spezifische Wärmen und nur wenig verschiedene Wärmeleitfähigkeiten besitzen, die Zündgeschwindigkeit ferner der Wurzel aus der Reaktionsgeschwindigkeit proportional ist, so dürften die Zündgeschwindigkeiten der Gemischreihen II sich niedriger zeigen als diejenigen der zugehörigen Gemischreihen I.

Aus dem Schema Abb. 11·ist auch leicht abzuleiten, daß die Gemische maximaler Zündgeschwindigkeit der Gemischreihen II wegen der geringeren Steigung der Reaktionsgeschwindigkeitskurve $C_{konstant}$ bei gleichem Verlauf der Wärmeeffektkurve näher bei den zugehörigen stöchiometrischen Gemischen sich finden lassen müßten als diejenigen der Gemischreihen I.

Abb. 14 und 15 bestätigen wieder die Erwartung. Die zu den Abb. 12 und 13 gegebene Erläuterung braucht hier nur übertragen zu werden.

Es wurde auseinandergesetzt, daß die auf die Raumeinheit

Methan

bezogene Verbrennungswärme h_3 im Brenngasunterschußbereich unver·ändert frei werden kann, während ihre Entwicklung im Brenngasüberschußbereich infolge der Reaktionsteilnahme des überschüssigen Methans zur Bildung von H_2 und CO rasch abnimmt. Gleichzeitig ist damit eine starke Erniedrigung der Verbrennungstemperatur T_v verbunden. Der Wärmeeffekt behält zwar seinen Maximalwert bei den stöchiometrischen Gemischen, er fällt aber mit zunehmendem Brenngasüberschuß in dem Maß ab wie Verbrennungswärme und Verbrennungstemperatur. Würde der Wärmeeffekt I (Abb. 11) schematisch etwa den relativen Verlauf für Kohlenoxyd als Brenngas darstellen, dessen Verbrennungswärme h_2 über dem gesamten Mischungsbereich unverändert bleibt, so wäre für Methan ein Verlauf anzunehmen, wie er schematisch etwa durch die mit Wärmeeffekt II bezeichnete Gerade angedeutet ist. Die Neigung des Wärmeeffektes für Methan gegen die Abszissenachse ist also steiler wie beim Kohlenoxyd. Dies hat die beobachtete starke Verschiebung der Gemische maximaler Zündgeschwindigkeit nach den stöchiometrischen Gemischen hin anscheinend zur Folge.

Mit den Gemischreihen II läßt sich der Ersatz des überschüssigen Methans im Brenngasüberschußbereich der Gemischreihen I durch überschüssigen Sauerstoff bewerkstelligen, so daß vor allem die Reaktionsteilnahme überschüssigen Methans unterbunden ist und die Wärmeentwicklung über dem gesamten Mischungsbereich proportional der unver-

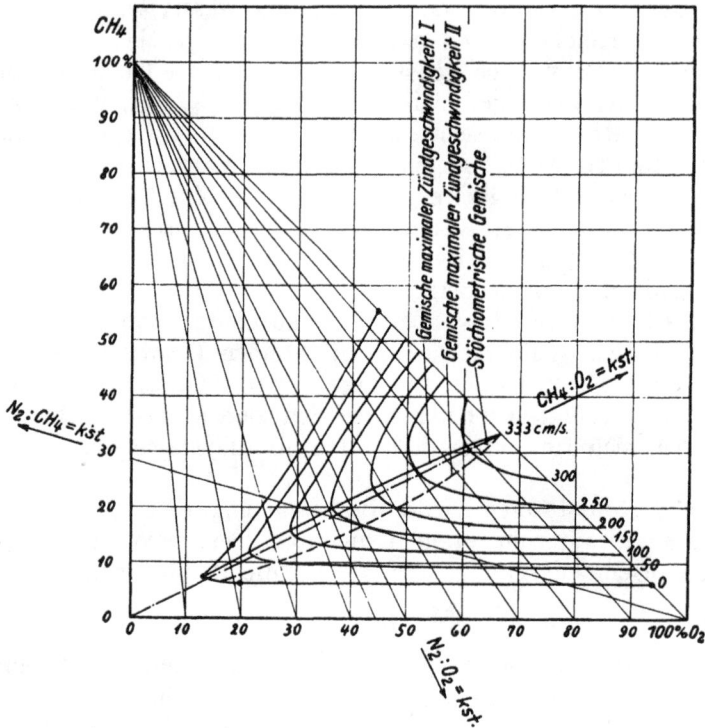

Abb. 16.
Kurven gleicher Zündgeschwindigkeiten des Methans im Gemisch
mit $(N_2 + O_2)$.

änderten Verbrennungswärme h_3 erfolgen kann. Es käme daher für die Gemischreihen II jetzt ein Verlauf des Wärmeeffektes in Frage, wie er durch die mit Wärmeeffekt I bezeichnete Gerade (Abb. 11) gekennzeichnet ist. Danach müßte sich für die Gemischreihen II eine größere maximale Zündgeschwindigkeit und dann auch eine stärkere Abweichung der Gemische maximaler Zündgeschwindigkeit von den zugehörigen stöchiometrischen Gemischen herausstellen. Abb. 16 und 17 stimmen mit dieser Voraussage wie in den vorher betrachteten Fällen überein.

Da alle zusammengesetzten Brenngase, speziell die Kohlenwasserstoffe eine nur geringe Abweichung ihrer Gemische maximaler Zündgeschwindigkeit von den zugehörigen stöchiometrischen Gemischen zeigen, dürfte sich die Begründung dafür ähnlich wie beim Methan gestalten.

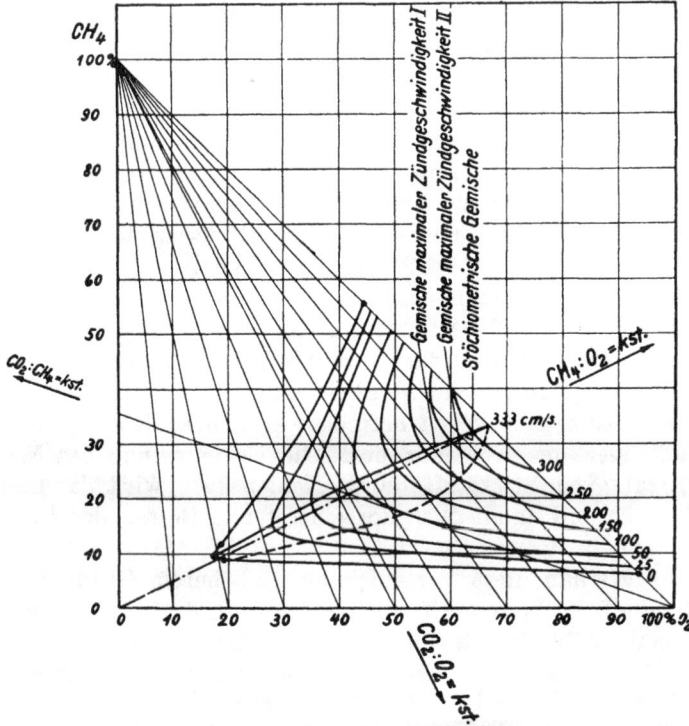

Abb. 17.

Kurven gleicher Zündgeschwindigkeiten des Methans im Gemisch mit $(CO_2 + O_2)$.

Es wurden bisher bevorzugt die jeder Brenngasart eigenen Gemische maximaler Zündgeschwindigkeit behandelt. Es bleiben noch die Erscheinungen, welche bei

Ersatz des Stickstoffes durch Kohlensäure

als Inertgas hervortreten. Neben einer möglichen Veränderung der Zündtemperaturen hat dies u. a. besonders zur Folge, daß wegen der höheren spezifischen Wärme, der Teilnahme der Kohlensäure an den Dissoziationsgleichgewichten und der damit verbundenen Erniedrigung der Verbrennungstemperaturen sowie der geringeren Wärmeleitfähigkeit der Wärmeeffekt um so mehr abnimmt, je mehr Kohlensäure im Gasgemisch vorhanden ist. Statt eines Verlaufes des Wärmeeffektes etwa nach der mit Wärmeeffekt I bezeichneten Geraden (Abb. 11) für Stickstoff als Inertgas käme für Kohlensäure ein Verlauf etwa nach der mit Wärmeeffekt III bezeichneten Geraden in Frage. Die Neigung und absolute Größe der Wärmeeffekte III mit Kohlensäure wird sich also bei vergleichbaren Gemischen als eine geringere ergeben. Bei einem Ersatz des Stickstoffes durch Kohlensäure müssen danach einmal die Zündgeschwindigkeiten selbst abnehmen, worauf später noch eingegangen wird, sodann müssen die Gemische maximaler Zündgeschwindigkeit wegen der geringeren Neigung des Wärmeeffektes III gegenüber dem Wärmeeffekt I bei einem im übrigen ähnlichen Verlauf der Reaktionsgeschwindigkeitskurve eine größere Abweichung von den zugehörigen stöchiometrischen Gemischen zeigen. Mit zunehmendem Kohlensäuregehalt der Atmosphären müssen sich beide Wirkungen verstärken, wie dies Abb. 2—10 bekräftigen.

Der Unterschied des Brenngasgehaltes in den Gemischen maximaler Zündgeschwindigkeit (Abb. 9) ist beim Kohlenoxyd ein geringerer wie beim Wasserstoff. Dies ist wiederum darauf zurückzuführen, daß sich die Gemische maximaler Zündgeschwindigkeit des Wasserstoffes näher bei ihren stöchiometrischen Gemischen befinden, also mehr Kohlensäure enthalten wie diejenigen des Kohlenoxydes. Die Erniedrigung des Wärmeeffektes bei Ersatz von Stickstoff durch Kohlensäure wird dadurch für Kohlenoxyd kleiner und damit auch der eintretende Betrag der Verschiebung.

Obwohl für Methan diese Verschiebung in höherem Grade erwartet werden könnte wie für Wasserstoff und Kohlenoxyd, da ja hier in den Gemischen maximaler Zündgeschwindigkeit bedeutend mehr Kohlensäure, absolut genommen, enthalten ist, zeigt sich nach den Verlauf der Kurve e (Abb. 9) für Kohlensäure und Stickstoff als Inertgase kein Unterschied. Das Nichteintreten der Verschiebung läßt sich wieder auf die Reaktionsteilnahme des überschüssigen Methans im Brenngasüberschußbereich zurückführen. Die damit verknüpfte Abnahme des Wärmeeffektes ist offenbar so groß, daß in der Nähe der Gemische maximaler Zündgeschwindigkeit die Neigung des Wärmeeffektes III (Abb. 11) für Kohlensäure gegenüber der Neigung des Wärmeeffektes I für Stickstoff unmerklich wird. Aus Abb. 16 und 17 geht sinngemäß hervor, daß die gestrichelte Schnittkurve, welche die Gemische maximaler Zündgeschwindigkeit der Gemischreihen II $N_2 : CH_4 =$ konst. zusammenfaßt, von derjenigen der Gemischreihen II $CO_2 : CH_4 =$ konst. um ein Beträchtliches abweicht. Nach den vorangegangenen Ausführungen war durch diese Gemischreiben der Methanüberschuß durch Sauerstoff ersetzt worden. Die Neigung des Wärmeeffektes III für Kohlensäure kann hier gegenüber der Neigung des Wärmeeffektes I für Stickstoff als Inertgas genügend groß werden, um die bei den Gemischreihen I vermißte Verschiebung der Gemische maximaler Zündgeschwindigkeit hervorzurufen.

Um das Ergebnis der vorliegenden Untersuchungen kurz zusammenzufassen, kann der Versuch, den jeder Brenngasart eigenen Verlauf der Gemische maximaler Zündgeschwindigkeit bei Verbrennung mit Gemischen verschiedener aber jeweils konstanter Zusammensetzung aus Inertgas (N_2 oder CO_2) und Sauerstoff aus der Zündgeschwindigkeitsgleichung herzuleiten und dabei die Wirkungen auf die „Reaktionsgeschwindigkeit" einerseits, auf den „Wärmeeffekt" andererseits zu trennen, als fruchtbar bezeichnet werden.

Neben möglichen Einflüssen von seiten der Zündtemperatur verteilten sich die maßgeblich hervortretenden Größen teils auf den Faktor „Wärmeeffekt", teils auf den Faktor „Reaktionsgeschwindigkeit".

Beim Wasserstoff spielt dessen hohe Wärmeleitfähigkeit eine besondere Rolle, beim Methan und den Kohlenwasserstoffen die im Brenngasüberschußbereich verminderte Wärmeentwicklung; beim Kohlenoxyd konnte gezeigt werden, daß unter Beibehaltung der aus der Bruttoreaktionsgleichung und dem Massenwirkungsgesetz abgeleiteten Reaktionsgeschwindigkeitsgleichung der Beiwert der Reaktionsgeschwindigkeit in hohem Maße von der Konzentration zugesetzter reaktionsbeschleunigender Mittel, z. B. Wasserdampf oder Wasserstoff bzw. der während der Reaktion gebildeten H-Atome und OH-Radikale abhängt.

Eindeutig machte sich bei dem Ersatz von Stickstoff durch Kohlensäure die erhöhte spez. Wärme geltend.

Die Reaktionsgeschwindigkeit.

In den Abb. 18, 19, 20 sind für Wasserstoff, Kohlenoxyd und Methan die maximalen Zündgeschwindigkeiten über der Zusammensetzung der Atmosphären aufgetragen, wenn einmal Stickstoff, das andere Mal Kohlensäure das Inertgas ist.

Zieht man zunächst nur die Gemische mit Stickstoff in die Betrachtung und vergleicht man die bei Verbrennung mit Luft und reinem Sauerstoff gemessenen maximalen Zündgeschwindigkeiten, so läßt sich deren Steigerungsfähigkeit für die einzelnen Brenngase durch Verhältniszahlen darstellen, wie sie die Zahlentafel 9 enthält. Kohlenoxyd besitzt mit 2,36 eine geringere Steigerungsfähigkeit als Wasserstoff mit 3,37. Demgegenüber steigert sich die maximale Zündgeschwindigkeit des Methans mit 9,4 unverhältnismäßig.

Die Zündgeschwindigkeit setzt sich nach Gl. (6) aus dem Faktor „Wärmeeffekt" und dem Faktor „Reaktionsgeschwindigkeit" durch Multiplikation zusammen. Zur Berechnung des Wärmeeffektes wurden die Verbrennungstemperaturen unter Berücksichtigung der Dissoziationsgleichgewichte eingesetzt. Als Zündtemperaturen wurden behelfsmäßig nach Zahlentafel 8 gebildete Mittelwerte verwendet,

Zahlentafel 9.

Brenngas	$\dfrac{u_{max\,(O_2)}}{u_{max\,(Luft)}}$	= Steigerungs-fähigkeit
H_2	$\dfrac{900}{267}$	3,37
CO	$\dfrac{107,5}{45,6}$	2,36
CH_4	$\dfrac{333}{35,4}$	9,4

und zwar für Wasserstoff $T_c = 1300^0$ abs. und für Kohlenoxyd $T_c = 1360^0$ abs., ein Verfahren, das zur Ermöglichung einer Über-schlagsrechnung hinreichend erscheint. Das Gemisch maximaler Zündgeschwindigkeit für Wasserstoff bei Verbrennung mit reinem Sauerstoff enthielt 71% H_2 und bei Verbrennung mit Luft 43% H_2 (Zahlentafel 2). Schaltet man den Einfluß der Wärmeleitfähigkeit aus, d. h. wird $\lambda = 1$ gesetzt, so berechnet sich der Wärmeeffekt der Gemische maximaler Zündgeschwindigkeit des Wasserstoffes mit reinem Sauerstoff zu $\sqrt{0,00839}$ und mit Luft zu $\sqrt{0,00832}$. Die Gemische maxi-maler Zündgeschwindigkeit für Kohlenoxyd enthielten mit reinem Sauer-stoff 77,5% CO und mit Luft 52,5% CO (Zahlentafel 4). Wird wieder $\lambda = 1$ gesetzt, so berechnen sich die entsprechenden Wärmeeffekte über-schläglich zu $\sqrt{0,00971}$ und $\sqrt{0,00765}$. Bildet man die Verhältniszahlen der Wärmeeffekte bei Verbrennung mit Sauerstoff und Luft, so findet sich für W a s s e r s t o f f

$$\frac{W_{(O_2)}}{W_{(Luft)}} = \sqrt{\frac{0,00839}{0,00832}} \simeq 1$$

und für K o h l e n o x y d

$$\frac{W_{(O_2)}}{W_{(Luft)}} = \sqrt{\frac{0,00971}{0,00765}} \simeq 1,13.$$

Aus diesen Verhältniszahlen geht hervor, daß der Wärmeeffekt von den Luftgemischen bis zu den reinen Sauerstoffgemischen in bezug auf die Ge-mische maximaler Zündgeschwindigkeit nur geringeren Schwankungen unterliegen kann. Ähnlich dürften die Verhältnisse bei M e t h a n als Brenngas liegen. Sie erklären sich daraus, daß in dem Ausdruck für den Wärmeeffekt die Verbrennungstemperatur im Zähler und im Nenner auf-tritt.

An diesem Ergebnis ändert sich nicht allzuviel, wenn man die Wärme-leitfähigkeiten mit berücksichtigt. Für Wasserstoff als Brenngas verhalten

sich die Wärmeleitfähigkeiten der Gemische maximaler Zündgeschwindigkeit mit reinem Sauerstoff und Luft nach Gl. (6) etwa wie

$$\sqrt{\frac{\lambda_{(O_2)}}{\lambda_{(Luft)}}} = \sqrt{\frac{0,375}{0,219}} \simeq 1,3.$$

Der Wärmeeffekt einschließlich Wärmeleitung wäre also nach dem vorangegangenen für das Gemisch maximaler Zündgeschwindigkeit des Wasserstoffes mit reinem Sauerstoff gegenüber dem Luftgemisch nur 1,3 mal
größer, während der Unterschied der maximalen Zündgeschwindigkeiten
das 3,37 fache betrug. Für Kohlenoxyd und Methan dürfte sich die Berücksichtigung der Wärmeleitfähigkeit noch weniger bemerkbar machen.

Die Steigerungsfähigkeit der maximalen Zündgeschwindigkeiten mit
abnehmendem Inertgasgehalt der Atmosphären ist im wesentlichen somit
auf den Faktor „Reaktionsgeschwindigkeit" zurückzuführen. In dem gemessenen Verlauf der maximalen Zündgeschwindigkeiten besitzen wir daher
ein ausgezeichnetes Mittel, die Gültigkeit der aus den Bruttoreaktions-
gleichungen und dem Massenwirkungsgesetz abgeleiteten Reaktionsge-
schwindigkeitsgleichungen für die Flammenreaktion zu überprüfen. Nach
Gl. (6) tritt die Reaktionsgeschwindigkeit unter dem Wurzelzeichen auf.
Eine Übereinstimmung mit dem Versuchsergebnis wird den besten Beweis
für die grundsätzliche Richtigkeit der Zündgeschwindigkeitsgleichung
liefern.

Für

Wasserstoff

lautete der Faktor der Reaktionsgeschwindigkeit nach Gl. (6)

$$\sqrt{C_1 H_2{}^2 (1 - H_2)\, a}.$$

Solange der Beiwert C_1 nach Gl. (15) hinreichend konstant angesehen
werden kann, muß erwartet werden, daß der den Inertgasgehalt der Atmosphären kennzeichnende Parameter a direkt die Einflußnahme des Inert-
gases als konzentrationsverdünnendes Medium auf die Reaktionsgeschwindigkeit wiedergibt. Für diesen Fall würde ein Inertgaszusatz den zeitlichen
Ablauf des Zwischenchemismus selbst nicht beinträchtigen, wenn wir uns
erinnern, daß der Temperaturkoeffizient der Reaktionsgeschwindigkeit k_1
in Gl. (7) für den Beiwert der Reaktionsgeschwindigkeit C_1 gleichzeitig
den Zwischenchemismus und dessen Beeinflussungsmöglichkeit charakte-
risieren soll, eine Vorstellung, welche sich bereits bei der Besprechung der
Gemische maximaler Zündgeschwindigkeit des Kohlenoxydes bewährt hat.

In Abb. 18 wurde mit der Kurve m die Zündgeschwindigkeit der
Wurzel aus der Reaktionsgeschwindigkeit direkt proportional gesetzt

$$u_{max} = \sqrt{C_1' H_2{}^2 (1 - H_2)\, a}. \tag{20}$$

Der Beiwert C_1' ist jetzt so aufzufassen, daß in ihm der konstant angenom-
mene Beiwert C_1 der Reaktionsgeschwindigkeit, der Wärmeeffekt und der

unter den Versuchsbedingungen dieser Arbeit konstante Faktor des Druckes und der Anfangstemperatur zum Ausdruck kommt. Bei Verbrennung mit reinem Sauerstoff und Luft konnte gezeigt werden, daß der Wärmeeffekt der Gemische maximaler Zündgeschwindigkeit ausschließlich Wärmeleitfähigkeit nahezu unveränderlich ist. Bis auf einen die Veränderung der Wärmeleitfähigkeit berücksichtigenden Korrektionsfaktor müßte sich daher auch der Beiwert C_1' von Luft bis Sauerstoff konstant ergeben. Setzt man die experimentel bestimmten Gaskonzentrationen (Zahlentafel 2) der

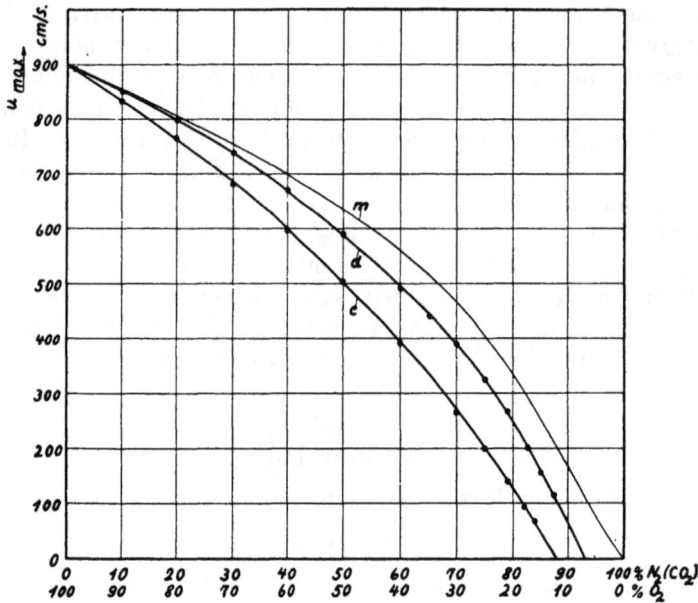

Abb. 18.

Kurven maximaler Zündgeschwindigkeit.

Kurve d, H_2 im Gemisch mit $(N_2 + O_2)$.

„ c, H_2 „ „ „ $(CO_2 + O_2)$.

„ m, $u_{max} = 2355 \sqrt{H_2^2 (1 - H_2)\, a}$.

Gemische maximaler Zündgeschwindigkeiten in Raumteilen ein, so findet sich mit $C_1' = 2355^2$ die maximale Zündgeschwindigkeit mit reinem Sauerstoff in Übereinstimmung mit dem experimentellen Wert zu $u_{max} = 900/sec$. Die nach der Gleichung

$$u_{max} = 2355 \sqrt{H_2^2 (1 - H_2)\, a} \qquad (20\,a)$$

berechnete Kurve m gibt den grundsätzlichen Verlauf der entsprechenden experimentellen Kurve d befriedigend wieder. Die beiden Kurven werden sich einander nähern müssen, wenn man an dem Beiwert C_1' den die Veränderung der Wärmeleitfähigkeit berücksichtigenden Korrektionsfaktor anbringt. Bei Verbrennung mit Luft berechnet sich die maximale Zündgeschwindigkeit nach Gl. (20a) zu $u_{max} = 350$ cm/sec ($H_2 = 0,43$, $a = 0,21$). Die Wurzel aus dem Verhältnis der Wärmeleitfähigkeiten der Gemische maximaler Zündgeschwindigkeit mit Sauerstoff und Luft wurde zu 1,3 bestimmt. Korrigiert man damit die nach Gl. (20a) errechnete Zündgeschwindigkeit, so ergibt sich

$$u_{max} = \frac{350}{1,3} = 269 \text{ cm/sec},$$

während der Versuch $u_{max} = 267$ cm/sec lieferte.

Nach Gl. (20a) wird die Zündgeschwindigkeit $u_{max} = 0$ erst bei der Atmosphäre 100% N_2 ($a = 0$) erreicht, während die extrapolierte Zündgrenze der experimentellen Kurve d bei der Atmosphäre (93% N_2 + 7% O_2) liegt. Dieser Unterschied erklärt sich daraus, daß zwischen Luft und dieser letzteren Atmosphäre der Wärmeeffekt der Gemische maximaler Zündgeschwindigkeit sich sehr stark verändert. Bis zur Atmosphäre (93% N_2 + 7% O_2) hat er wegen $T_v = T_c$ den Wert Null erreicht. Die Konstante $C_1 = 2355^2$ in Gl. (20) muß in diesem Bereich neben einer Korrektion der veränderlichen Wärmeleitfähigkeiten demnach eine zusätzliche Berücksichtigung der Veränderung des gesamten Wärmeeffektes erfahren, um mit dem Versuchsergebnis eine Übereinstimmung hervorzubringen. Für die anzustellenden Untersuchungen können wir uns auf das Gebiet zwischen Luft und Sauerstoff als Atmosphären beschränken, so daß dieser kurze Hinweis auch für das Folgende genügt.

Für

Kohlenoxyd

wurden die maximalen Zündgeschwindigkeiten nach der Gleichung (vgl. Gl. 10).

$$u_{max} = 293 \sqrt{CO^2 (1 - CO) a} \tag{21}$$

berechnet und als Kurve m in Abb. 19 eingetragen. Die Übereinstimmung mit der entsprechenden experimentellen Kurve b ist hier eine recht weitgehende. Dem mag bei Berücksichtigung eines ähnlich erfolgenden Anstieges des Wärmeeffektes einschließlich der Wärmeleitfähigkeit wie beim Wasserstoff zu Hilfe kommen, daß wahrscheinlich der Beiwert C_2 der Reaktionsgeschwindigkeit im Gemisch maximaler Zündgeschwindigkeit bei Verbrennung mit reinem Sauerstoff etwas kleiner ist, als bei Verbrennung mit Luft. Da nur das Kohlenoxyd 1,35% Wasserdampf neben 1,5% Wasserstoff enthielt, Sauerstoff und Inertgas aber trocken und wasserstofffrei beigemischt wurden, konnte bereits nachgewiesen werden, daß im Brenngasüberschußbereich der Beiwert C_2 nicht mehr konstant ist, sondern mit zunehmendem Brenngasüberschuß ansteigt. Vergleicht man die Brenngasgehalte der Gemische maximaler Zündgeschwindigkeit bei Verbrennung mit Sauerstoff und Luft mit den zugehörigen stöchiometrischen Gemischen (Zahlentafel 4), so übersieht man leicht, daß der Brenngasüberschuß der Sauerstoffgemische ein kleinerer ist als derjenige der Luftgemische, wonach die obige Vermutung zutreffen könnte.

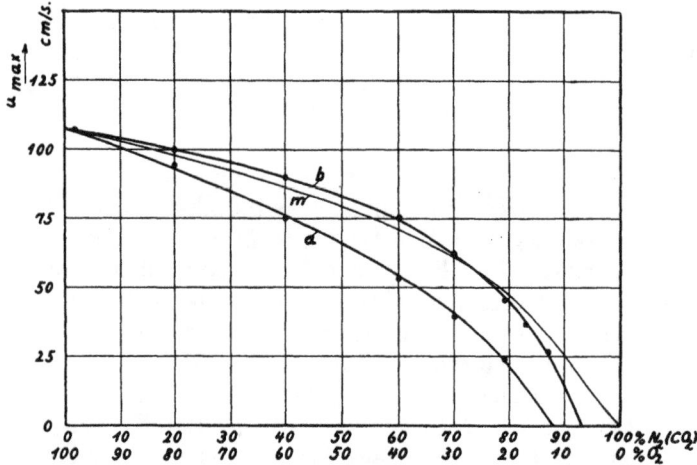

Abb. 19.

Kurven maximaler Zündgeschwindigkeit.

Kurve b, CO im Gemisch mit $(N_2 + O_2)$) Das CO enthält $1,5\,^0/_0$ H_2 und

„ a, CO „ „ „ $(CO_3 + O_2)$) $1,35\,^0/_0$ H_2O-Dampf.

„ m, $u_{max} = 293 \sqrt{CO^2(1 - CO)\,a}$.

Hervorzuheben ist, daß trotz der beim Kohlenoxyd besonders offensichtlichen und ausgeprägten Einflußnahme des Zwischenchemismus auf die Reaktionsgeschwindigkeit die verwendete einfache Reaktionsgeschwindigkeitsgleichung die Grundlage für den zeitlichen Ablauf des gesamten Reaktionsvorganges abgibt. Die Auffassung, daß der Beiwert C allgemein den Zwischenchemismus und dessen Beeinflussungsmöglichkeit kennzeichnet, dürfte damit ihre beste Stütze erhalten haben.

Abb. 20 enthält für

Methan

den Verlauf der maximalen Zündgeschwindigkeiten nach der Gleichung (vgl. Gl. 11)

$$u_{max} = 865 \sqrt{CH_4 ((1 - CH_4)\,a)^2}, \tag{22}$$

wobei sich wie in den vorhergehenden Beispielen wieder die Annäherung an die zugehörige experimentelle Kurve e_2 herausstellt. Die in Zahlentafel 9 mit 9,4 angegebene Steigerungsfähigkeit der maximalen Zündgeschwindigkeiten des Methans, welche gegenüber der Steigerungsfähigkeit

3,37 des Wasserstoffes und 2,36 des Kohlenoxydes zunächst unverhältnismäßig erschien, erklärt sich nunmehr auf einfache Weise dadurch, daß bei
zunehmendem Inertgasgehalt der Atmosphären die Reaktionsgeschwindigkeit proportional dem Quadrat der abnehmenden Sauerstoffkonzentration a
herabgesetzt wird, während die Herabsetzung beim Wasserstoff und
Kohlenoxyd nur einfach proportional erfolgt.

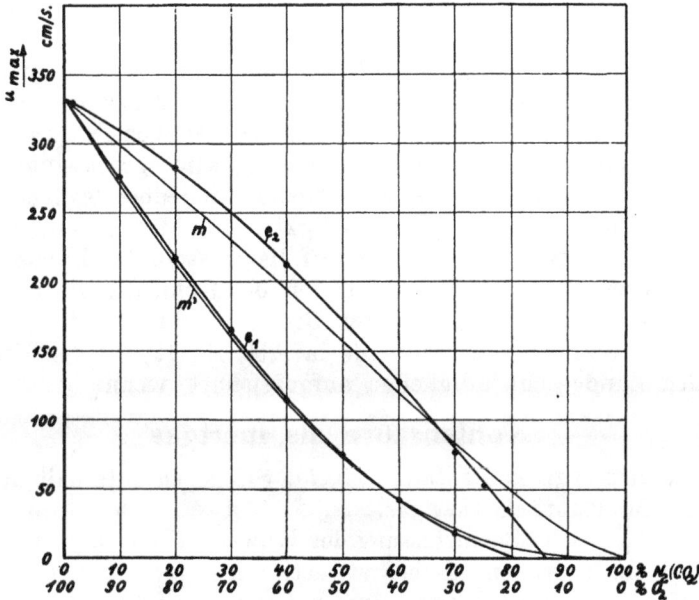

Abb. 20.

Kurven maximaler Zündgeschwindigkeit.

Kurve e_2, CH_4 im Gemisch mit $(N_2 + O_2)$.

,, e_1, CH_4 ,, ,, ,, $(CO_2 + O_2)$.

,, m, $u_{max} = 865 \sqrt{CH_4 ((1 - CH_4) a)^2}$.

,, m', $u_{max} = 2250 \, CH_4 ((1 - CH_4) a)^2$.

Eine wesentliche Beeinflussung des im Beiwert C ausgedrückten
Zwischenchemismus durch Stickstoffzusatz läßt sich nicht herleiten.

Da die Versuche gleichzeitig beweisen, daß die Zündgeschwindigkeit
der Wurzel aus der Reaktionsgeschwindigkeit proportional ist, ist auch die
Richtigkeit der von Nusselt angestellten thermodynamischen Überlegungen, die zur Aufstellung der Zündgeschwindigkeitsgleichung (6) und
(12) führten, eindeutig klargestellt.

Aus der Größe der Beiwerte $C_1' = 2355^2$ für Wasserstoff, $C_2' = 293^2$
für Kohlenoxyd und $C_3' = 865^2$ für Methan läßt sich auf die verhältnis-

mässigen Unterschiede der B e i w e r t e d e r R e a k t i o n s g e s c h w i n -
d i g k e i t C_1, C_2 und C_3 schließen. Wird Kohlenoxyd als Bezugsbasis gewählt, so ergeben sich die folgenden Verhältniszahlen

$$\frac{C_1{}'}{C_2{}'} = \frac{2355^2}{293^2} = 64{,}6,$$

$$\frac{C_3{}'}{C_2{}'} = \frac{865^2}{293^2} = 8{,}7.$$

Unter Berücksichtigung des vom Wasserdampf- und Wasserstoffzusatz abhängigen Beiwertes der Reaktionsgeschwindigkeit des Kohlenoxydes geht
aus diesen Verhältniszahlen wie schon aus den von N u s s e l t ausgeführten Berechnungen hervor, daß die Reaktionsgeschwindigkeit des
Wasserstoffes um ein Vielfaches größer ist als diejenige des Kohlenoxydes.
Der Beiwert der Reaktionsgeschwindigkeit des Methans wird zwischen
denen für Kohlenoxyd und Wasserstoff liegen, sein Reaktionschemismus
setzt sich ja zu einem guten Teil aus dem des Kohlenoxydes und Wasserstoffes als seinen verbrennungsreifen Produkten zusammen.

Mit den Kurven c, a, e_1 wurde in Abb. 18, 19, 20 der Verlauf der
maximalen Zündgeschwindigkeiten aufgezeichnet, wenn

Kohlensäure als Inertgas

verwendet wird (vgl. Zahlentafel 3, 5, 7). Sie liegen unterhalb der Kurven
d, b, e_2 für Stickstoff als Inertgas.

Eine wesentliche Beeinflussung der Beiwerte C durch Stickstoffzusatz
ließ sich nicht erkennen. Dabei war stillschweigend vorausgesetzt, daß
Stickstoff sich während des chemischen Umsatzes indifferent verhält. Im
Verlauf der Reaktion bei Erreichung der Verbrennungstemperaturen käme
die Reaktion

$$N_2 + O_2 \rightleftarrows 2\,NO$$

in Betracht. Von der Höhe der Verbrennungstemperatur abgesehen, hängt
die Stickoxydbildung bevorzugt von der zeitlichen Dauer der Temperatur
ab [39]). Die Gase passieren die Reaktionszone aber sehr rasch. Nach Berechnungen von N u s s e l t bewegt sich die Verbrennungsdauer von Wasser-
stoff-Luftgemischen in der Größenordnung von tausendstel Sekunden. Der
Stickoxydbildung in der Flammenschicht des Innenkegels von Bunsen-
flammen können daher nur sehr untergeordnete Beträge zukommen.

Anders verhält es sich dagegen mit Kohlensäure. Infolge ihrer Teilnahme an den Dissoziationsgleichgewichten bei Verbrennungstemperaturen
ändert sie ihre Natur entsprechend stark. Kohlensäure ist also nicht als
ein wirklich inertes Gas anzusprechen, und es ist nicht ausgeschlossen, daß

---

[39]) F. Häußer, Mitt. über Forschungsarb. a. d. Geb. des Ingenieurwesens Heft 133
(1913), 1—19.

die Beiwerte C bei Kohlensäurezusatz in gewissen Grenzen sich verändern können.

Die beträchtliche Erniedrigung der Zündgeschwindigkeiten mit zunehmendem Kohlensäuregehalt der Atmosphären gegenüber Stickstoff dürfte jedoch in der Hauptsache auf den Faktor „Wärmeeffekt" zurückzuführen sein.

Für Kohlenoxyd als Brenngas verbindet sich die zugesetzte Kohlensäure mit dem Dissoziationsgleichgewicht der bei der Verbrennung gebildeten Kohlensäure

$$k_{CO_2} = \frac{[CO]^2 [O_2]}{[CO_2]^2},$$

und für Wasserstoff als Brenngas geht das Dissoziationsgleichgewicht des bei der Verbrennung gebildeten Wasserdampfes

$$k_{H_2O} = \frac{[H_2]^2 [O_2]}{[H_2O]^2}$$

mit dem Dissoziationsgleichgewicht der zugesetzten Kohlensäure in das Wassergasgleichgewicht

$$k_W = \frac{[CO][H_2O]}{[CO_2][H_2]}$$

über. Für Methan als Brenngas befinden sich die bei der Verbrennung gebildeten Produkte Kohlensäure und Wasserdampf bereits im Wassergasgleichgewicht. Da die Kohlensäurekonzentration in den Ausdrücken für die Gleichgewichtskonstanten im Nenner auftritt, wirkt die den Brenngas-Sauerstoffgemischen zugesetzte Kohlensäure allgemein als Reaktionsgegendruck. Der Verbrennungsprozeß erscheint zum Teil bereits vorgebildet, und die Gleichgewichte werden im wesentlichen zugunsten einer Kohlenoxydbildung verschoben. Die Wärmeentwicklung, welche im Wärmeeffekt durch die Verbrennungswärme h ausgedrückt ist, und die erreichbaren Verbrennungstemperaturen werden infolgedessen bei Ersatz des Stickstoffes durch Kohlensäure um so stärker herabgesetzt, je mehr Kohlensäure zugemischt wird. Zu berücksichtigen ist dabei, daß die Gleichgewichtskonstanten mit zunehmender Temperatur ansteigen. Darüber hinaus wirkt im Wärmeeffekt die höhere spezifische Wärme und geringere Wärmeleitfähigkeit der Kohlensäure.

Für die maximalen Zündgeschwindigkeiten wird sich die Herabsetzung des Wärmeeffektes durch Kohlensäure dort am stärksten bemerkbar machen, wo ihre Gemische den stöchiometrischen Gemischen am nächsten liegen. Abb. 10, 18, 19 und 20 zeigen für die Kurve e_1 der maximalen Zündgeschwindigkeiten des Methans mit Kohlensäure als Inertgas die umgekehrte Krümmung der Kurven a, c für Kohlenoxyd und Wasserstoff. Die maximalen Zündgeschwindigkeiten des Methans werden demnach bei Ersatz des Stickstoffes durch Kohlensäure am stärksten erniedrigt. Aus Abb. 9 ging hervor, daß ihre Gemische sich sehr nahe bei den zugehörigen stöchiometrischen Gemischen befinden. Bei gleicher Zusammensetzung der Atmosphären enthalten sie daher mehr Kohlensäure als diejenigen des Wasserstoffes und Kohlenoxydes, und damit kann die besprochene Beeinflussung des Wärmeeffektes als Ursache des besonderen Verlaufes der Kurve e_1 gegenüber den Kurven c und a angesehen werden.

Kurve e_1 wird mit guter Annäherung bis zur Atmosphäre (70% $CO_2 + 30\%$ O_2) durch die empirische Gleichung

$$u_{max} = 2250 \, CH_4 \, ((1 - CH_4) \, a)^2 \qquad (23)$$

wiedergegeben, wenn man die experimentell bestimmten Brenngasanteile nach Zahlentafel 7 in Raumteilen einsetzt.

Der Einfluß des Wasserdampfes.

Es wurde bereits darauf hingewiesen, daß bei Mischung eines Kohlenoxydes, welches 1,35% Wasserdampf und 1,5% Wasserstoff enthält, mit trockenen und wasserstofffreien Sauerstoff-Inertgasgemischen bei Kohlenoxydüberschuß auf den im stöchiometrischen Verhältnis reagierenden Gemischenanteil eine fortlaufend zunehmende Menge Wasserdampf und Wasserstoff entfällt. Es konnte gezeigt werden, daß aus diesem Grund der Beiwert C_2 der Reaktionsgeschwindigkeit bei Brenngasüberschuß ansteigt, während er bei Brenngasmangel hinreichend konstant bleibt, so daß die maximale Reaktionsgeschwindigkeit erst bei einem Brenngasgehalt erreicht wird, welcher größer als 66,7% CO ist. Mit reinem Sauerstoff liegt dementsprechend das Gemisch maximaler Zündgeschwindigkeit nicht bei 66,7% CO, wie für hinreichend konstanten Beiwert infolge der dann bei diesem Brenngasgehalt auftretenden maximalen Reaktionsgeschwindigkeit zu erwarten wäre, sondern erst bei 77,5% CO [*]).

Abb. 21 veranschaulicht die Zündgeschwindigkeiten eines Kohlenoxydes im Gemisch mit Luft und Sauerstoff, das neben 1,5% H_2 noch „Spuren" Wasserdampf, 1,35% und 2,3% Wasserdampf enthält. Unter „Spuren" Wasserdampf sind hier die Reste zu verstehen, die nach Überleiten über Chlorkalzium noch im Gas zurückbleiben. Abb. 6 zeigte den Einfluß des Wasserstoffes.

---

[*]) Um die maximale Zündgeschwindigkeit und damit die maximale Reaktionsgeschwindigkeit bei Verbrennung mit reinem Sauerstoff bei 66,7% CO aufzufinden, darf von 0% bis 66,7% CO nur dem Kohlenoxyd Wasserdampf und Wasserstoff zugemischt werden, während von 66,7% bis 100% CO diese Beimengung nur beim Sauerstoff vorgenommen werden darf. Da Kohlenoxyd mit Sauerstoff nach der Gleichung 2 CO + O_2 = 2 CO_2 reagiert, muß für den letzteren Fall dem Sauerstoff die doppelte Menge Wasserdampf und Wasserstoff zugemischt werden wie vorher dem Kohlenoxyd, damit auf den reagierenden Brenngasanteil immer die gleiche Wasserdampf- und Wasserstoffkonzentration entfällt.

Es geht aus diesen Untersuchungen die schon von U b b e l o h d e und D o m m e r *) beobachtete und von K. B u n t e und E. H a r t m a n n **) mit Hilfe des kettenförmigen Charakters der Kohlenoxydverbrennung er-

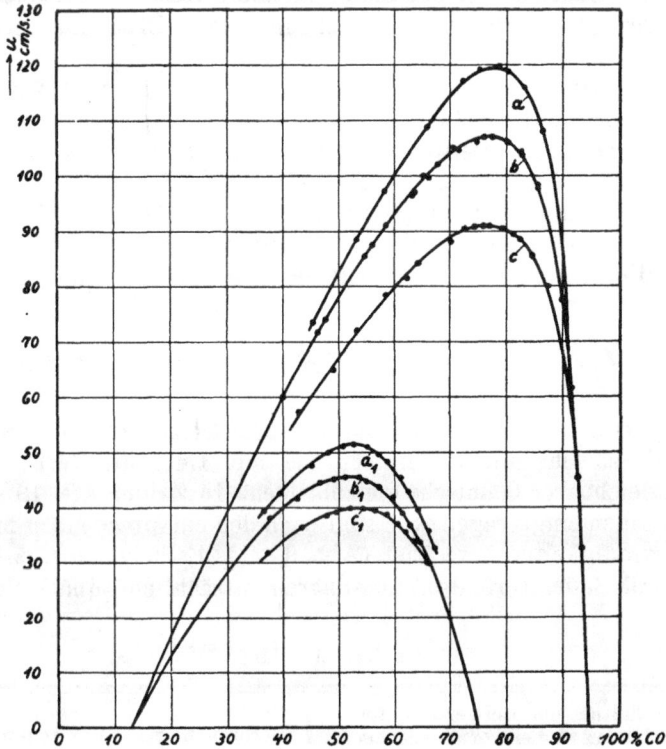

Abb. 21.

Zündgeschwindigkeiten des K o h l e n o x y d e s.

CO im Gemisch mit $(1,5\%\,N_2 + 98,5\%\,O_2)$	Kurve a, das CO enthält $1,5\%\,H_2 + 2,3\%\,H_2O$.
	„ b, „ CO „ $1,5\%\,H_2 + 1,35\%\,H_2O$.
	„ c, „ CO „ $1,5\%\,H_2 +$ Spuren H_2O.
CO im Gemisch mit $(79\%\,N_2 + 21\%\,O_2)$	Kurve a_1, das CO enthält $1,5\%\,H_2 + 2,3\%\,H_2O$.
	„ b_1, „ CO „ $1,5\%\,H_2 + 1,35\%\,H_2O$.
	„ c_1, „ CO „ $1,5\%\,H_2 +$ Spuren H_2O.

N_2 und O_2 wurden getrocknet zugemischt.

klärte außerordentliche Beeinflussungsmöglichkeit der Reaktionsgeschwindigkeit und damit der Zündgeschwindigkeit durch H-Atome und OH-Radikale erneut hervor, welche mit steigendem Wasserdampf- und Wasserstoffzusatz in zunehmendem Maße entstehen können. Die Gemische maxi-

*) a. a. O.
**) a. a. O.

5*

maler Zündgeschwindigkeit behalten in allen Fällen innerhalb der Versuchsgenauigkeit und unter Berücksichtigung, daß der Wasserdampf- und Wasserstoffgehalt dem Kohlenoxyd zugerechnet wurde, eine konstante Lage. Danach beurteilt ist auf eine einfachere Gesetzmäßigkeit der Veränderung des Beiwertes C_2 mit zunehmendem Brenngasüberschuß zu schließen.

An dieser Stelle ist auch Gelegenheit zu einer Nachprüfung des Befundes, daß Stickstoff als Inertgas den Zwischenchemismus und damit die denselben enthaltenden Beiwerte C_2 nicht oder nur untergeordnet beeinflußt, gegeben. Nach der Zündgeschwindigkeitsgleichung (6) müssen sich bei gleicher Zusammensetzung des Gasgemisches aber bei in den vorausgesetzten geringen Grenzen verschiedenem Wasserdampf- bzw. Wasserstoffgehalt die Beiwerte verhalten wie die Quadrate der Zündgeschwindigkeiten

$$\frac{u_2{}^2}{u_{(2)}{}^2} = \frac{C_2}{C_{(2)}}.$$

Bleibt der Reaktionschemismus durch Stickstoffzusatz unbeeinflußt, so müßten sich sowohl mit Sauerstoff wie mit Luft die Verhältniszahlen $C_2 : C_{(2)}$ vergleichbarer Gemische gleichbleiben. In Zahlentafel 10 sind diese Verhältniszahlen eingetragen. Sie sind nach den entsprechenden maximalen Zündgeschwindigkeiten berechnet (Abb. 6, 21). Es zeigt sich, daß sie sich mit Luft und Sauerstoff als Atmosphären tatsächlich annähernd decken.

Zahlentafel 10.

Verhältnis der Beiwerte C_2 für Kohlenoxyd bei verschiedenem Wasserdampf- und Wasserstoffgehalt	Verbrennung mit Luft	Verbrennung mit Sauerstoff
$\dfrac{C_2(1{,}5\,^0/_0\,H_2 + 2{,}3\,^0/_0\,H_2O)}{C_2(1{,}5\,^0/_0\,H_2 + 1{,}35\,^0/_0\,H_2O)}$	1,25	1,25
$\dfrac{C_2(1{,}5\,^0/_0\,H_2 + 1{,}35\,^0/_0\,H_2O)}{C_2(1{,}5\,^0/_0\,H_2 + \text{Spuren}\,H_2O)}$	1,35	1,38
$\dfrac{C_2(1{,}5\,^0/_0\,H_2 + 1{,}35\,^0/_0\,H_2O)}{C_2(1{,}35\,^0/_0\,H_2O)}$	2,0	2,12

Mit den der Abb. 22 zugrunde liegenden Versuchen wurde der Einfluß geringer Mengen Wasserdampf auf die Zündgeschwindigkeit des W a s s e r - s t o f f e s geprüft. Der Wasserstoff wurde mit einer Atmosphäre aus (50% N_2 + 50% O_2) gemischt. Die Wasserdampfsättigung wurde in gleicher Weise vorgenommen wie beim Kohlenoxyd. Aus dem Ergebnis ist ein beschleunigender Einfluß nicht herzuleiten, die geringen Mengen zugesetzten Wasserdampfes bewirken vielmehr bereits eine Erniedrigung der Zündgeschwindigkeiten.

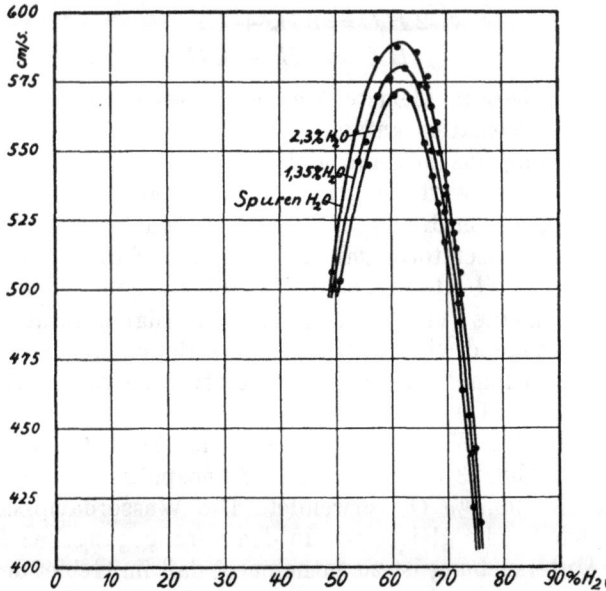

Abb. 22.

Der Einfluß des Wasserdampfes auf die Zündgeschwindigkeit des W a s s e r s t o f f e s. Der Wasserstoff wurde mit einer Atmosphäre aus (50% N_2 + 50% O_2) zur Verbrennung gebracht.

N_2 und O_2 wurden getrocknet zugemischt.

B a k e r [40]), B o n e und A n d r e w [41]) fanden allerdings wie beim Kohlenoxyd, daß auch gut getrocknete Wasserstoff-Sauerstoffgemische nicht zur Entzündung zu bringen sind, während das feuchte Knallgasgemisch unter gleichen Bedingungen stark explodierte. H a b e r und S c h w e i n i t z [42]) erbrachten den positiven Nachweis der Wirksamkeit der H-Atome bei der Knallgasverbrennung. Es gelang ihnen, Knallgasgemische durch Zusatz geringer Mengen H-Atome bei Zimmertemperatur und unter vermindertem Druck ohne jede äußere Zündenergie zur Entzündung zu bringen.

B o n h o e f f e r und R e i c h a r d t [43]) haben durch Aufnahme von Absorptionsspektren qualitativ gezeigt, daß Wasserdampf bei hohen Tem-

[40]) Baker, Trans. chem. Soc. (1885), 349.
[41]) Bone u. Andrew, Trans. chem. Soc. **87** (1905), 1232; **89** (1906), 652.
[42]) Haber u. Schweinitz, Sitz.-Ber. Preuß. Akad. Wiss. **30** (1928).
[43]) Bonhoeffer u. Reichardt, Ztschr. phys. Chem. **A 139** (1928), 75.

peraturen in H-Atome und freies Hydroxyl zerfällt. Der Nachweis gelang bei Temperaturen oberhalb 1200° C. Es bestehen die beiden Dissoziationen nebeneinander

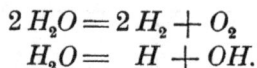

$$2\,H_2O = 2\,H_2 + O_2$$
$$H_2O = H + OH.$$

Demnach müssen bereits kleinste Mengen Wasserdampf infolge bei der Zündung durch Dissoziation auftretender H-Atome auf die Reaktion eine einleitende Wirkung ausüben und gleichzeitig die Reaktionsgeschwindigkeit auf ihren Maximalwert bringen. Da nach eingeleiteter Reaktion, wie die Untersuchungen von R i e s e n f e l d und W a ß m u t h *) lehren, die Hauptmenge des Wasserstoffes mit dem Sauerstoff direkt reagieren kann und dabei genügend H-Atome und OH-Radikale gebildet werden, ist es verständlich, wenn eine Vergrößerung des Wasserdampfzusatzes nicht mehr reaktionsbeschleunigend wirkt. Im Gegensatz zur Kohlenoxydverbrennung kommt dem Wasserdampf für die Wasserstoffverbrennung also nur ein die Zündung einleitender Charakter zu.

Den Einfluß des Wasserdampfes auf die Zündgeschwindigkeit des M e t h a n s läßt Abb. 23 erkennen. Als Atmosphäre wurde ein Gemisch aus 1,5% N_2 und 98,5% O_2 verwendet. Die Wasserdampfsättigung des Methans war wieder die gleiche wie in den vorangegangenen Fällen.

Aus der Untersuchung ist zu entnehmen, daß im Gebiet des Brenngasmangels, d. h. wenn die Gemische weniger als 33,33% CH_4 enthalten, die Zündgeschwindigkeit und damit die Reaktionsgeschwindigkeit noch einer gewissen, wenn auch geringen Beschleunigung fähig ist. In der Nähe des Gemisches maximaler Zündgeschwindigkeit, welches hier mit dem stöchiometrischen Gemisch identisch ist, kommt die Beschleunigung am deutlichsten zum Ausdruck. Kurz danach fällt die Wirkung des Wasserdampfes jedoch rasch ab, um mit zunehmendem Brenngasüberschuß vollständig zu verschwinden. Der Wasserdampf bleibt praktisch wirkungslos.

H. B u n t e und R o s z k o w s k i [44]) untersuchten die Entzündbarkeit getrockneter und feuchter Methan-Luftgemische. Bei gewöhnlicher Temperatur zeigte sich kein Unterschied, dagegen trat bei gesteigerter Anfangstemperatur eine Verengung der unteren Explosionsgrenzen ein, die bei 300° 4,7% CH_4 ausmachte. Im Gegensatz zu den unteren Explosionsgrenzen war an den oberen ein zu wertender Unterschied nicht festzustellen. Mit den bei den Zündgeschwindigkeiten zu beobachtenden Erscheinungen besteht also eine gewisse Parallele.

Nach B o n h o e f f e r und H a r t e c k **) erfolgt der Abbau der Kohlenwasserstoffe durch Vermittelung der H-Atome. K. B u n t e und E. H a r t - m a n n ***) schließen, daß sich der Abbau in der Flamme weniger durch

---

*) a. a. O.
[44]) H. Bunte u. Roszkowski, GWF **33** (1890), 491, 524, 535, 553.
**) a. a. O.
***) a. a. O.

H-Atome als vielmehr durch die *OH*-Radikale vollzieht. Daß der Wasserdampf als *H*-Atome und *OH*-Radikale lieferndes Molekül die Abbau-
geschwindigkeit, nach A u f h ä u s e r [45]) „Wandlungsgeschwindigkeit" des

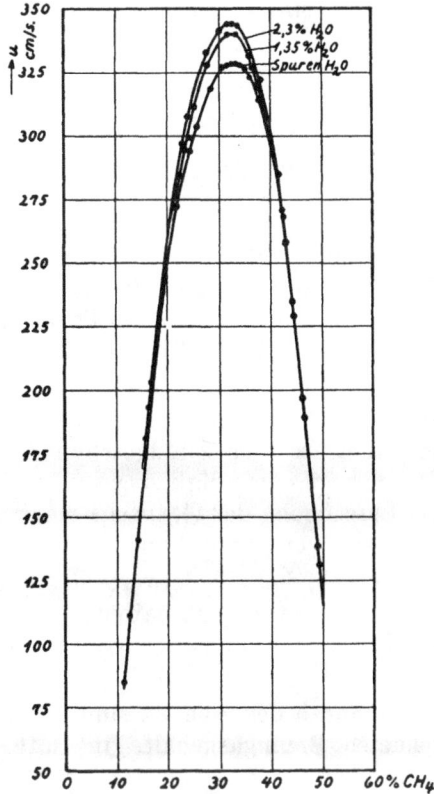

Abb. 23.

Der Einfluß des Wasserdampfes auf die
Zündgeschwindigkeit des M e t h a n s. Das
Methan wurde mit einer Atmosphäre aus
$(1,5\% \ N_2 + 98,5\% \ O_2$ zur Verbrennung gebracht.

N_2 und O_2 wurden getrocknet zugemischt.

Methans tatsächlich bis zu einem gewissen Grad befördert, spricht für
diese Auffassung, wenn man berücksichtigt, daß während der Abbau-
reaktion an sich von den Kohlenwasserstoffen herrührende *H*-Atome in
großer Zahl vorhanden sind, also die primär durch den Wasserdampf zu-

---

[45]) Aufhäuser, Brennstoff und Verbrennung **2** (1928).

gesetzten OH-Radikale als das wirksamere Mittel angesehen werden können.

Die Erscheinung, daß der Wasserdampf bei Brenngasüberschuß wirkungslos bleibt, hängt vermutlich mit der Reaktionsteilnahme des überschüssigen Methans zusammen.

Die Zündgeschwindigkeitsgleichung und das Flammengeschwindigkeitsgesetz.

Die einleitend nach den Nusseltschen Ableitungen entwickelte Gleichung (12) für die Zündgeschwindigkeit von Brenngasgemischen gestattete einen Vergleich mit dem aus Messungen nach der statischen Methode von Paymann und Wheeler*) empirisch entwickelten Flammengeschwindigkeitsgesetz Gl. (13), (14).

Solange der Reaktionschemismus und dessen Beeinflussungsmöglichkeit in den Beiwerten C der Reaktionsgeschwindigkeit Gl. (7) seinen Ausdruck findet, widersprach es der Zündgeschwindigkeitsgleichung (12) nicht, daß die das Flammengeschwindigkeitsgesetz enthaltende Mischungsregel Gl. (13) für die Berechnung der Gemische maximaler Zündgeschwindigkeit mit mehr oder weniger guter Annäherung ausreichen kann.

Nachdem sich nun ergab, daß die Beiwerte der Reaktionsgeschwindigkeit tatsächlich die vermuteten Eigenschaften besitzen müssen, lohnt es sich, die Anwendbarkeit der Mischungsregel Gl. (13) an einigen Beispielen zu überprüfen.

Aus den Kurven a und b der Abb. 24 sind die nach der Mischungsregel Gl. (13) berechneten Brenngasgehalte in Luft für die maximalen Zündgeschwindigkeiten über der Zusammensetzung der Brenngasgemische $(CO + CH_4)$ und $(H_2 + CH_4)$ zu entnehmen. Die nach Messungen von W. Litterscheidt eingetragenen Versuchspunkte stimmen damit gut überein. Für die Gemische $(CO + C_6H_{12})$ zeigt die gestrichelte Kurve die berechneten und die stark ausgezogene Kurve die von E. Hartmann bestimmten experimentellen Gemischwerte. Es ergibt sich hier allerdings eine merkliche Differenz. Für ein Gemisch aus drei brennbaren Gasen $(40\% \ CO + 30\% \ H_2 + 30\% \ CH_4)$ wurde aus den Einzeldaten das Gemisch maximaler Zündgeschwindigkeit mit Luft nach der Mischungsregel zu 23,2% Brenngas und 76,8% Luft berechnet. W. Litterscheidt fand 24,8% Brenngas und 75,2% Luft. Die Übereinstimmung kann in Anbetracht des Umstandes, daß es sich um drei Brenngase handelt, als genügend bezeichnet werden.

---

*) a. a. O.

Die einfachen additiven Verhältnisse, wie sie die Mischungsregel Gl. (14) zur Berechnung der Zündgeschwindigkeit selbst enthalten würde, sind jedoch unmöglich.

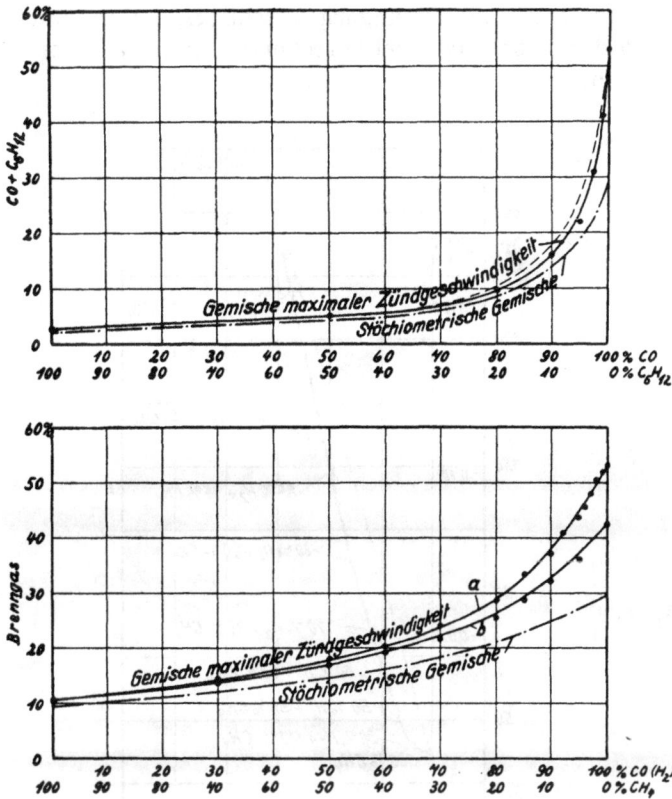

Abb. 24.

Brenngasgehalt von Gemischen maximaler Zündgeschwindigkeit, aufgetragen über der Zusammensetzung des Brenngases.

Oberes Bild: $(CO + C_6H_{12})$ im Gemisch mit Luft.
– – – – nach der Mischungsregel berechnet.
• experimentell.
Unteres Bild: Kurve a, $(CO + CH_4)$ im Gemisch mit Luft.
„ b, $(H_2 + CH_4)$ „ „ „ „
——— nach der Mischungsregel berechnet.
• experimentell.

P a y m a n n und W h e e l e r weisen auch darauf hin, daß die additiven Beziehungen außer der möglichen gegenseitigen Beeinflussung der Brenngase während des Flammenfortschrittes durch die den Einzelbrenngasen eigene Reaktionsgeschwindigkeit in der Brenngasmischung gestört

werden können. Solche Störungen beobachteten sie bei den Brenngasgemischen $(H_2 + CH_4)$ mit Luft. Die von ihnen gemessenen Flammen-
Fortpflanzungsgeschwindigkeiten unterschreiten die nach der Mischungsregel Gl. (14) berechneten. Vergleicht man in Abb. 25 die gemessenen
Zündgeschwindigkeiten der Brenngasgemische $(H_2 + CH_4)$ mit Luft wieder
mit den nach der Mischungsregel berechneten, so ist auch hier die Unter-
schreitung zu beobachten.

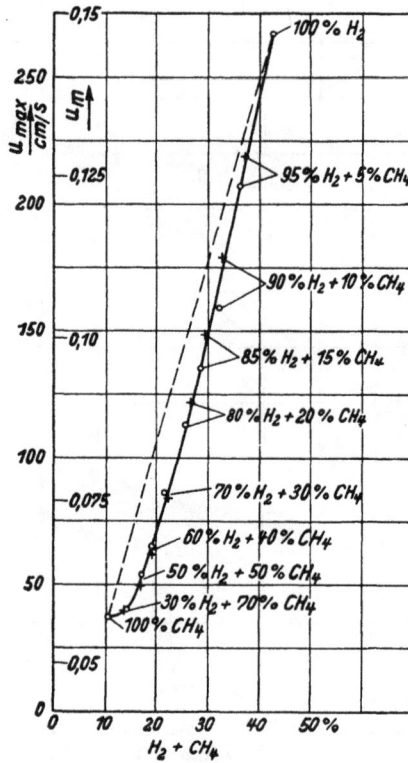

Abb. 25.

Kurve maximaler Zündgeschwindigkeit der Brenngasgemische $(H_2 + CH_4)$ mit Luft.

⊙ —— experimentell.

+ —— berechnet nach der Gleichung

$$u_m = \sqrt{H_2{}^2 \, (1 - CH_4 - H_2)\, a + CH_4\, ((1 - CH_4 - H_2)\, a)^2}.$$

— — — berechnet nach der Mischungsregel Gl. (13) und (14).

Die Zündgeschwindigkeitsgleichung (12) gibt Gelegenheit, diese Erscheinung relativ richtig zu begründen. Setzt man die Wirksamkeit der

Reaktionsgeschwindigkeit des Methans derjenigen des Wasserstoffes gleich, so läßt sich schreiben

$$u_m = \sqrt{H_2{}^2(1 - CH_4 - H_2)\,a + CH_4\,((1 - CH_4 - H_2)\,a)^2} \qquad (24)$$

Zahlentafel 11.

Brenngas-zusammen-setzung	Brenngasgehalt im Gemisch max. Zünd-geschwindigkeit	$a = 0{,}21$		u_m
$H_2 : CH_4$	$(H_2 + CH_4)^0/_0$	$H_2{}^2(1 - CH_4 - H_2)\,a$	$CH_4((1 - CH_4 - H_2)\,a)^2$	
100 : 0	42,5	0,0218	0,0	0,147
95 : 5	36,9	0,0162	0,000333	0,128
90 : 10	32,5	0,01207	0,000662	0,1125
85 : 15	29,2	0,00915	0,000975	0,1005
80 : 20	26,4	0,00690	0,00126	0,0903
70 : 30	22,2	0,00393	0,001785	0,0755
60 : 40	19,15	0,00224	0,00220	0,0667
50 : 50	16,85	0,001257	0,00258	0,0620
30 : 70	13,6	0,000305	0,00312	0,0585
0 : 100	10,5	0,0	0,00324	0,057

Zahlentafel 11 enthält die Gemischzusammensetzungen. Die Brenngasgehalte sind nach der Mischungsregel Gl. (13) berechnet. Der Verlauf für u_m und der entsprechenden gemessenen maximalen Zündgeschwindigkeiten u_{max} ist in Abb. 25 so aufgezeichnet, daß sich bei dem verschiedenen Maßstab direkt vergleichbare Verhältnisse ergeben. Die grundsätzliche Übereinstimmung des rechnerischen und experimentellen Kurvenverlaufes geht daraus hervor. Die Erklärung ist nach Zahlentafel 11 darin zu suchen, daß sich die einzelnen Brenngaskonzentrationen in der Gesamtmischung gegenüber denjenigen in den Einzelmischungen verringern. Der Anteil der Einzelbrenngase an der Reaktionsgeschwindigkeit der Brenngasmischung und damit an der Zündgeschwindigkeit stellt sich dementsprechend ein.

Die Verhältnisse sind im Grunde für Brenngasgemische aus Kohlenoxyd und Kohlenwasserstoffen ähnliche. Sie werden nur dadurch verdeckt, daß die Reaktionsgeschwindigkeit bzw. Zündgeschwindigkeit des Kohlenoxydes durch letztere stark erhöht wird.

Im allgemeinen stehen einer Berechnung der Zündgeschwindigkeit Schwierigkeiten entgegen. Die Kenntnis der Wärmeleitfähigkeit λ der Gase bei hohen Temperaturen ist ungenügend. Die Anwendung der Mischungsregel zur Berechnung der Wärmeleitfähigkeit von Gasgemischen dürfte lediglich eine grobe Näherung bedeuten. Schließlich werden auch die während des Reaktionsablaufes auftretenden Zwischenprodukte Erscheinungen verursachen können, die selbst bei Kenntnis der Wärmeleitfähigkeiten der Ausgangs- und Endprodukte der Reaktion rechnerisch schwer zu erfassen sind. Die den unmittelbar an der Flammenfront einsetzenden Reaktionsbeginn maßgeblich beherrschende Temperatur T_c ist ebenso eine Größe, über die noch zu wenig bekannt ist. Ferner ist es notwendig, den Beiwert der Reaktionsgeschwindigkeit näher kennenzulernen.

Die auf thermodynamischen Auffassungen aufgebaute Zündgeschwindigkeitsgleichung ist jedoch ein guter Wegleiter, um in die Zündvorgänge mit ihren vielseitigen Erscheinungen tiefer eindringen zu können.

Zusammenfassung.

Die Nusseltsche Zündgeschwindigkeitsgleichung wird verallgemeinert und in die Faktoren der Reaktionsgeschwindigkeit und des Wärmeeffektes aufgeteilt.

Die in der Zündgeschwindigkeitsgleichung enthaltenen Vereinfachungen legen die Auffassung nahe, daß der Zündvorgang maßgeblich von der durch die Zündtemperatur bestimmten anfänglichen Reaktionsgeschwindigkeit beherrscht wird.

Aus dem Zusammenwirken von Reaktionsgeschwindigkeit und Wärmeeffekt wird erklärt, daß bei allen entzündlichen Gasgemischen die maximale Zündgeschwindigkeit bei Brenngasüberschuß auftritt.

Nur die Flammenfortpflanzungsgeschwindigkeit, die sich bei zur Entzündungsfläche normalem Fortschreiten einstellt, ist die Zündgeschwindigkeit.

Untersucht wurde der gesamte Zündbereich von Wasserstoff, Kohlenoxyd und Methan bis zum reinen Sauerstoff. Als Inertgase werden Stickstoff und Kohlensäure verwendet.

Besonderen Einfluß übt beim Wasserstoff dessen Wärmeleitfähigkeit aus. Die bekannte Beschleunigung der Kohlenoxydverbrennung durch Wasserdampf, Wasserstoff und wasserstoffhaltige Gase und Dämpfe läßt die Reaktionsgeschwindigkeit in der Zündgeschwindigkeit stark hervortreten. Methan wird wie alle zusammengesetzten Brenngase und Dämpfe in der Zündgeschwindigkeit durch die Reaktionsteilnahme des Überschußgases bei Brenngasüberschuß zur Bildung von H_2 und CO und die damit verbundene Abnahme der entwickelten Verbrennungswärme gekennzeichnet. Ebenso drücken sich die verschiedenen spezifischen Wärmen von Kohlensäure und Stickstoff aus.

Die nach den üblichen Methoden gemessene Zündtemperatur ist wahrscheinlich nicht die den Zündvorgang bestimmende Temperatur.

Die Zündgeschwindigkeitskurven der einzelnen Brenngase werden in Kurven gleicher Zündgeschwindigkeit umgewertet. Mit Hilfe einer vereinfachten schematischen Darstellung wird an ihnen die Wechselwirkung des Einflusses der Reaktionsgeschwindigkeit und des Wärmeeffektes veranschaulicht.

Aus dem Verlauf der maximalen Zündgeschwindigkeit bei verschiedenem Inertgasgehalt der Atmosphäre aus Sauerstoff und Inertgas, mit der die Brenngase jeweilig zur Entzündung gebracht wurden, wird hergeleitet, daß die Zündgeschwindigkeit den von Nusselt angestellten thermodynamischen Überlegungen gleichlautend der Wurzel aus der Reaktionsgeschwindigkeit proportional ist.

Der Zwischenchemismus bei der Reaktion einzelner Brenngase und der gegenseitige Reaktionseingriff bei Mischung mehrerer Brenngase und Dämpfe läßt sich in einen Beiwert zu dem aus Massenwirkungsgesetz und Anfangskonzentrationen abgeleiteten Ausdruck für die Reaktionsgeschwindigkeit zusammenfassen.

An dem Beispiel des Stickstoffes wird nachgewiesen, daß Inertgase den Zwischenchemismus, wenn überhaupt, nur unwesentlich beeinflussen können.

Kohlensäure ist wegen ihrer Teilnahme an den Dissoziationsgleichgewichten nicht als ein wirklich inertes Gas anzusprechen. Eine gewisse Einflußnahme auf den Zwischenchemismus bei der Flammenreaktion erscheint deshalb nicht ausgeschlossen.

Ähnlich wie bei Kohlenoxyd wird die Zündgeschwindigkeit des Methans durch geringe Wasserdampfzusätze, allerdings in bedeutend kleinerem Maß, erhöht. An der Zündgeschwindigkeit des Wasserstoffes wurde diese Erscheinung nicht beobachtet.

Zur Berechnung der Gemische maximaler Zündgeschwindigkeit von Mischungen verschiedener Brenngase aus denjenigen der Einzelbrenngase bietet die Mischungsregel einen Anhalt. Zur Berechnung der Zündgeschwindigkeit selbst reicht sie nicht aus.

www.ingramcontent.com/pod-product-compliance
Lightning Source LLC
Chambersburg PA
CBHW080932240326
41458CB00144B/5897

* 9 7 8 3 4 8 6 7 6 8 3 8 1 *